1952 - 2022

内蒙古师范大学
70周年校庆
70th ANNIVERSARY OF
INNER MONGOLIA NORMAL UNIVERSITY

内蒙古师范大学七十周年校庆学术著作出版基金资助出版

教育部国别与区域研究中心"蒙古高原研究中心"资助出版

蒙古高原资源环境与生态安全协同创新中心资助出版

内蒙古师范大学基本科研业务费专项资金资助（项目编号 2022JBYJ013）

# 生态系统服务权衡与协同及可持续管理

## 以西辽河平原区为例

阿茹娜　著

电子工业出版社

**Publishing House of Electronics Industry**

北京·BEIJING

## 内 容 简 介

随着我国生态文明建设的不断深化，从生态系统服务视角，研究区域生态环境质量与人类社会经济发展之间的关系，已然成为践行"宁要绿水青山，不要金山银山""既要绿水青山，又要金山银山""绿水青山就是金山银山"理念的重要研究方向。当社会经济发展带来的环境负担超出生态环境客观承载能力和恢复能力时，需要及时用科学的发展方式来保障生态环境安全和永续持久的发展，守住发展和环保两条底线，坚持生态文明先行，在发展中保护，在保护中发展，解决当代与代内公平问题。因此，实现区域可持续发展离不开多种生态系统服务的支持。本书研究了西辽河平原区的生态系统服务时空演变、生态系统服务指标间的权衡与协同关系。

本书可供地理学、生态学、环境科学、人口资源环境学、水资源学等领域的研究人员、科技工作者及高校师生参考，也可为政府及其相关部门的发展决策提供参考依据。

**图书在版编目（CIP）数据**

生态系统服务权衡与协同及可持续管理：以西辽河平原区为例 / 阿茹娜著 . —北京：电子工业出版社，2024.3
ISBN 978-7-121-44054-0

Ⅰ .①生…　Ⅱ .①阿…　Ⅲ .①辽河流域 – 平原 – 生态系 – 服务功能 – 研究　Ⅳ .① Q147

中国版本图书馆 CIP 数据核字（2022）第 136144 号

审图号：蒙 S（2024）003 号

责任编辑：王　群
印　　刷：北京虎彩文化传播有限公司
装　　订：北京虎彩文化传播有限公司
出版发行：电子工业出版社
　　　　　北京市海淀区万寿路 173 信箱　邮编：100036
开　　本：720×1 000　1/16　印张：11.5　字数：183 千字
版　　次：2024 年 3 月第 1 版
印　　次：2024 年 3 月第 1 次印刷
定　　价：109.00 元

凡所购买电子工业出版社图书有缺损问题，请向购买书店调换。若书店售缺，请与本社发行部联系，联系及邮购电话：（010）88254888，88258888。
质量投诉请发邮件至 zlts@phei.com.cn，盗版侵权举报请发邮件至 dbqq@phei.com.cn。
本书咨询联系方式：wangq@phei.com.cn，910797032（QQ）。

# 前　言

　　生态系统服务是人类从生态系统中获得的福利，即人类直接或间接地从保障其生存和生活质量的生态系统中获得的利益。一直以来，可商品化和可市场化的生态系统服务（供给服务）研究受到较多关注。但随着研究工作的不断深入，无法市场化、有公共服务性质的生态系统服务（调节服务）正在成为新的研究热点。供给服务可为人类和其他生物提供生存所需的食物和原材料，调节服务则能保障人类和其他生物的生存环境。调节服务和供给服务对人类社会经济发展来说同样重要。实现区域可持续发展离不开多种生态系统服务的支持。因此，研究区域内部生态系统调节与供给服务之间的作用关系（权衡关系、协同关系、无权衡或协同关系等），以及这种关系的时空演变特点和机理，从而指导和服务区域生态系统服务可持续管理，是具有重要理论意义和实践价值的科学命题。

　　西辽河平原区位于我国北方生态安全屏障带，主要以草地生态系统和农业生态系统为主，具有很高的生态系统调节服务和供给服务价值，其防风固沙和水源涵养服务价值尤为突出。本书基于生态系统服务理论和生态系统可持续管理理论，采用文献分析法、田野调查法、空间统计分析法、简单相关系数分析法等研究方法，系统评估西辽河平原区生态系统调节服务和供给服务，科学识别各生态系统调节服务和供给服务间的权衡与协同关系，研究其时空演化趋势与规律，进而为西辽河平原区生态系统服务可持续分区管理提供依据。本书主要研究内容和结论如下。

　　（1）西辽河平原区生态系统调节服务变化趋势。防风固沙和水源涵养是西辽河平原区主要的两大调节服务。水源涵养作为关键调节服务，呈现持续下降的特点。西辽河平原区地处干旱、半干旱区，可利用水资源主要来源于地下水资源。水源涵养下降的主要原因是自然环境条件的变化影响了地下水资源的补给量，而社会经济的发展增加了用水压力，导致代表水源涵养服务的地下水资源"入不敷出"。而防风固沙的调节服务整体增加。通过大面积建设防护林草等生态工程、实施轮牧休牧禁牧政策等，人为增加植被覆盖度，西辽河平原区实际土壤风蚀强度有显著下降趋势，防风固沙服务有整体提高趋势。

（2）西辽河平原区生态系统供给服务变化趋势。西辽河平原区产业结构总体上保持南部牧业、中部农业、北部农牧交错的布局。农业和牧业供给服务保持稳步增长趋势，主要原因是农业技术提高和草地的植被覆盖度增加，以及有部分草地转化为耕地等；林业供给、人口居住和开发建设等供给服务变化并不显著。

（3）西辽河平原区生态系统服务两两间权衡与协同关系。西辽河平原区生态系统服务两两间权衡与协同关系在整体上和不同梯度维度上呈现一定程度的多样性，但总体来看具有一定的趋同性。各生态系统服务指标时空变化呈增强、减弱、无显著变化和无明显趋势等特征。在整体型（33组）关系中，权衡、协同关系各占 57.58% 和 27.27%，权衡与协同互相转换关系各占 6.06%，无权衡或协同关系仅占 3.03%。水源涵养服务指标与牧业服务、人口居住、农业供给呈递减权衡关系，与林业供给呈中等权衡关系。防风固沙服务的 2 个指标与各供给服务呈弱权衡、弱协同关系。水源涵养服务的 2 个指标与防风固沙服务的 2 个指标呈递减权衡关系，与另一个指标呈弱协同关系。在梯度水平型关系中，3 个低梯度水平上的调节服务指标间的关系与整体型关系较一致，调节服务与供给服务基本与整体型关系一致。在高梯度水平内，各服务指标间关系多样。

值本书出版之际，感谢我的导师李同昇教授在博士学习与科研上的悉心指导与培养，也衷心感谢我在西北大学城市与环境学院学习时，无私帮助过我的各位老师，以及一起踏遍内蒙古通辽市，共同外业调研、收集处理资料的各位同门对我的支持与帮助。最后，衷心感谢内蒙古师范大学 70 年校庆专著专项资助项目与内蒙古师范大学地理科学学院对本书顺利出版给予的全力资助！

阿茹娜

2022 年 3 月

# 目 录

# 第 1 章

# 绪论

## 1.1 研究背景

### 1.1.1 理论背景

生态系统是指生活在特定区域的所有生物体及生物体相互作用的环境的物理组成部分[1]。生态系统服务被认为是人类从生态系统中获得的福利，即人类直接或间接地从保障其生存和生活质量的生态系统中获得的利益，包括供给服务、调节服务和直接造福人类的文化服务，以及生态系统生产所有其他服务所必需的支持服务。

近年来，随着生态系统服务理论研究的不断深入，主流观点认为，生态系统服务与人类社会经济发展息息相关，其具有调节自然环境的功能，不仅为人类提供了适宜生存的生态环境，而且是人类经济发展所需生产资料的主要来源。在人类社会经济发展与生态系统服务保护之间的平衡中，粮食生产问题最为典型。20 世纪，全球范围内的粮食产量一直保持较高的增速，可满足世界人口的需求。但未来人口发展研究的预测结果显示，到 2030 年，全球人口将增加到近 80 亿人左右，新增人口部分的粮食需求庞大，如何在现有环境成本与高农业生产效率的基础上保持粮食生产速度以满足人类需要，是全球生态系统与人类共同面临的巨大挑战[2]。

在生态系统服务理论中，粮食生产作为人类社会经济发展的根基，不仅直接影响农产品供给，还与生物多样性、水源涵养、养分循环、固碳释氧等诸多生态系统服务密切相关。具体到区域尺度的生态系统，农业供给、牧业供给等是具有代表性的粮食生产生态系统服务，要了解并掌握其所提供服务量的大小、空间分布情况，需要对其时空演化规律进行深入研究。因不同地域的自然生态环境存在差异，其所依赖的关键生态系统服务类型也不尽相同，在提高区域粮食生产能力时，需要对其进行甄别与具体的量化研究。世界自然资源有限的客观现实和粮食产量持续增加的重要发展需求，势必会影响甚至损失部分相关联的生态系统服务，其最终产生的影响是正面的还是负面的？损耗其他生态系统服务将有怎样的代价与利弊？这些是管理者和利益相关者所面临的主要研究任务。由此可见，包括农业供给、牧业供给在内的区域关键生态系统服务组合的空间演化、权衡与协同关系、影响机制已成为备受关注并亟待解答的科学问题。

未来主要研究方向如下。

（1）区域尺度的生态系统服务差异性供给研究为地区社会经济发展提供必要性支持。区域尺度的生态系统服务的重要研究目标是发现并量化人类从区域自然环境中实际获取的各种福利，即确定可获取的主要生态系统服务的组成、结构类型及大小等。区域间生态系统类型组合和社会经济发展程度的差异，使得不同区域生态系统服务的主导类型和服务簇（同一区域内，由多种生态系统服务构成的组合[3]）的多样性构成均存在显著差异。例如，农业产业布局与分区管理多围绕与农业生产相关的要素条件展开，但在实际管理中，不仅要发展现代高效农业，还要关注有可能引发的各种生态系统问题。在生态系统服务理论研究中，对生态系统服务簇的供需进行匹配度和协调度量化研究，可重新解释农业生态分区管理，实现生态环境保护与农业资源高效利用之间的合理调配及可持续利用理念[4]。

（2）优化区域的生产、生活与生态空间布局，实现资源合理配置已成为区域社会经济发展的重要管理目标[5]。生态系统服务理论具有独特的生态系统服务空间分布视角，能很好地解读区域的"三生"功能[6]，为我国的国土空间开发提供重要的理论支持[7]。区域生态系统服务的时空演化差异直接影响区域国土空间开发中生产、生活、生态空间的布局[8]。以生境差异较大的内蒙古自治区（以下简称内蒙古）为例，通过对粮食供给、肉类供给、羊毛供给、产水、土壤保持、生境维持和固碳释氧等主要生态系统服务进行量化及空间分异研究，将其划分为西部荒漠生态脆弱区、中部草原水土保持区、东部草原牧业盈余区、东部森林生态均衡区 4 种生态功能分区，以保证区域生产与生态之间的良性循环[9]。其中，东部草原牧业盈余区存在内部功能空间分异，其具有代表性的生态系统服务的时空演化趋势是本书的研究目标之一。

（3）区域生态系统服务间复杂的权衡与协同关系研究是可持续发展理论的应用方向。在管理和利用有限的自然资源时[10]，势必要在实现众多生态系统服务目标所需的消耗成本中做出取舍[11, 12]，即在生态系统服务间权衡利弊。因此，厘清区域尺度生态系统服务权衡与协同关系，进而了解人类活动对自然生态环境演化规律可能的影响，可为实现区域可持续发展提供科学依据。

### 1.1.2 现实背景

内蒙古西辽河平原区位于北方生态安全屏障带的东北区，以草地生态系统和农业生态系统为主，具有很高的生态系统调节服务和供给服务价值，也是重要的国家粮食安全保障区[13]。因西辽河平原区地处干旱、半干旱地区，自然环境条件年际和季节变化较大，加之受人类活动影响的大小和范围逐年增加[14]，因此其提供的生态系统服务之间更容易产生权衡或协同作用，其作用程度也会随着自然和社会环境的变化不断发生改变。

首先，内蒙古长期以来面临严重的土壤风蚀生态问题[15]，而西辽河平原区的防风固沙服务价值较高，在众多生态系统服务类型中具有重要地位[16]。引发内蒙古中部地区不同强度土壤风蚀变化的主导控制因素有风场强度变化、归一化植被指数、干燥度等自然环境要素，以及为保护草地生态系统所实施的退耕还林还草、草场围封、禁轮休牧等人为环境要素[17]。关于植被固沙能力实验的研究结果显示，植被生物量与防风固沙作用成非线性正相关关系，并与地表粗糙度[18]、植被种类、种植格局和植物枝叶特定结构息息相

3

关[19,20]。与此同时，具有固沙作用的植被的出苗及生长还会受到风蚀沙埋与水资源的影响[21]。因此，综合考虑上述普适性环境因素和特殊区域因素的影响，在了解西辽河平原区的防风固沙服务时空变化的基础上，需要进一步探究如何更好地可持续管理其影响因素，这有助于改善地表环境，避免土壤风蚀加剧，使防风固沙服务能够保持良好增长[22]。

其次，西辽河平原区水源涵养服务的自身时空演化及其他生态系统服务间的权衡或协同作用演化趋势是非常重要的研究方向。自 2000 年以来，受气候变化[23]、植被覆盖减少[24]、上游来水被过度截留[25]、水资源利用不合理等[26,27]因素的影响，西辽河平原区出现湖泊和地表径流急剧减少[28]及中下游干流持续多年断流[29,30]等相关水生态问题，打破了原有的水资源平衡，水源涵养服务供给出现时空分异[31]。在水资源循环中，降水量和地表水直接影响地下水补给[32]，前者是地下水的最大补给源，直接影响西辽河平原区地下水埋深[33]；后者则受降水量的影响，地表水对地下水埋深的补给减少会导致地下水水位出现局部下降。1961—2014 年西辽河平原区降水量的变化趋势研究显示，自 2000 年以来，降水量呈现明显下降趋势[23,34,35]；随着西辽河平原区地下水水位逐年下降，地下水埋深无法满足草原植被根系的吸水深度需求[36,37]，直接导致植被覆盖度减小，以羊草草原为主的草原植被出现逆向演替及优质牧草种类、产量下降[38]等一系列生态问题。水源涵养服务作为一项重要的生态系统调节服务[39]，是直接或间接影响其他生态系统服务大小与决定整体生态系统服务质量的基础[40]，其时空变化会引起其他生态系统服务间权衡或协同关系的变化[41]。导致草地生态系统和农业生态系统的水源涵养服务时空异质变化的原因不尽相同[42]，其影响程度也会随自然环境的变化和人类活动强度的变化发生改变[43]。

在西辽河平原区内，中部的西辽河干流沿岸基本为灌溉型的农业生态系统；西辽河干流以北以旱作型农业生态系统为主，部分为草地生态系统；西辽河干流以南以草地生态系统为主，小部分为旱作型农业生态系统[44]。西辽河平原区生态系统类型的分布特征奠定了第一产业的空间分布格局，由南向北依次为牧业、农业和农牧业[45]。其中，西辽河平原区生态系统的供给服务对人类的生存和社会经济发展具有最为直接、有形的影响，主要包括农业供给服务、牧业供给服务、林业供给服务、开发建设服务、人口居住服务等，因为农、牧、林三种供给服务的大小均与植被覆盖度和植被长势密切相关[46,47]，所以在计算相应供给服务时，需要考虑纳入归一化植被指数指标。进一步的研究则需要考察各生态系统供给服务间是否存在相关性关系，包括是简单线性相关亦或非线性相关、相关性大小如何，从而判断生态系统供给服务间的权衡与协同关系及变化趋势，为提供最大化的总生态系统供给服务奠定理论基础。

在人类社会经济发展进程中，除了自身生存环境存在诸多生态问题，在获取生态系统供给服务的过程中，在已知或未知情况下引起生态系统调节服务的权衡或协同作用，是否会导致已有生态问题进一步恶化及如何应对等，均为现实生产生活中亟待解决的问题。例如，水资源供需失衡，水资源供给缺口在规模和分布范围上逐渐扩大[48]；农业产品的需求量不断增加，但土壤沙化、土壤层变薄导致土壤腐殖质减少，加之干旱等原因，使得作物减产；畜牧业发展面临草地质量下降的客观现实，只能通过草地超载放牧来维持畜牧数量，加剧了草场的进一步退化，进而形成恶性循环；在全球气候变化背景下，区域降水量、气温和大风日数等气象要素正朝着不利于各生态系统服务增加的方向发展；在使生态系统服务提供更多的农业和牧业供给服务的过程中，可能会干扰生态系统调节服务的供给平衡[49]。

## 1.2 研究意义

### 1.2.1 理论意义

在衡量区域经济发展程度时，将生态系统服务质量（包括服务簇和等级）作为一项重要的评估指标已成为共识。在现有（公认）的生态系统四大分类体系中，根据人类获得收益或利益的侧重点的不同，生态系统服务可分为调节服务、供给服务、支持服务和文化服务[50,51]。在进行实际的生态系统服务评估时，不同地域的生态系统服务类型构成并不完全一致，应充分考虑生态系统的地域差异和重要程度以进行取舍，选出由多种生态系统服务构成的服务簇，进行进一步评估。随着生态系统服务评估的研究不断深入，学者和利益相关者日益关注对调节服务与供给服务的评估，以及供给与需求间关系的变化；研究涉及区域生态系统调节服务和供给服务的类型构成、各生态系统服务类型的评估方法选取、评估结果的制图呈现、针对评估成果进行的生态系统服务需求与供给的管理、生态系统服务间的权衡与协同作用等。本书将西辽河平原区作为研究区域，考察其特有的生态系统服务类型及生态系统服务间的权衡与协同关系，并将研究成果综合应用于区域的生态系统服务可持续管理，具有重要的理论意义。

### 1.2.2　现实意义

西辽河平原区主要由草地生态系统和农业生态系统构成，具有典型的农牧交错区生态系统特点，受到生态学、地理学、气象学等相关学者的持续关注，本书主要探讨西辽河平原区的区域生态系统质量变化及未来可提供的生态系统服务的变化趋势等科学问题[52]。另外，畜牧业和农业相关从业者、农牧业相关管理者和当地居民作为主要的利益相关者，也有迫切了解生态系统本身存在的问题、其对生态系统的影响程度和如何积极促进生态系统的可持续发展与管理等实际需要[53]。当前最重要的科学问题是厘清各利益相关者在追求生态系统服务的更高效益的过程中，是否会引发土地利用的变化[54]、生态系统调节服务和供给服务间权衡与协同关系的变化，以及如何进行两者的平衡。当面临严峻生态问题时，生态系统产品供给服务势必要做出妥协以保证合理的调节服务供给，那么确定具体需要做出哪些调整已成为非常迫切的现实需求[55]。

## 1.3　研究目的与研究内容

### 1.3.1　研究目的

（1）系统评估西辽河平原区的生态系统调节服务和供给服务。

西辽河平原区作为我国重要的粮食生产基地和畜牧产品主产区,其所提供的非物质形态的区域生态系统调节服务同样具有非常重要的地位。对西辽河平原区的自然生态环境和人类社会环境影响较大的两个调节服务是防风固沙服务和水源涵养服务。多年以来,为了应对受气候要素变化、西辽河流域断流和科尔沁沙地土壤沙化等综合因素影响而出现的西辽河平原区土壤风蚀沙化问题,国家相继实施了多个生态工程,区域土壤风蚀强度的主体虽有所减弱,但局部仍出现了不同程度的恶化。为了解在经过持久人为干预后土壤风蚀强度是否出现变化,需要通过对应的防风固沙服务来估算调节作用的大小。与此同时,西辽河平原区正面临着可使用水资源量愈加紧张与人类社会经济活动所需的水资源量逐日增长的矛盾。此外,还需要严守基本生态用水红线(为了维持生态系统本身能够正常运行所需的水资源量),审视现有的水资源利用模式是否触及了生态用水极限。因此,对西辽河平原区而言,应找到适合的水源涵养服务评估方法,并估算出长期以来水源涵养服务的变化趋势,为进一步应对和解决水资源的相关生态问题等提供科学依据。

根据西辽河平原区的生态系统特征,本书论述的生态系统供给服务主要是指物质形态生态系统产品的供给能力,具体包括农业产品、畜牧产品、林业产品,以及为城乡居民提供的居住场所、经济活动和开发建设所需的场地等。本书选取农业供给服务、牧业供给服务、林业供给服务、人口居住服务和开发建设服务这 5 类主要供给服务进行评估。对农业、牧业、林业供给服务的评估基于由现有行政区划的统计数据与归一化植被指数融合得出的行政区划内分异数值结果,并对已有的估算方法进行改进。对人口居住服务和开发建设服务的估算则结合人口统计数据和土地类型的属性,采用不同分值来表达供给能力的大小。对相关从业者、公众和管理者等利益相关者而言,供给服务是最直接的物质型生态系统服务,摸清各生态系统供给服务的基本情况及变化趋势,兼顾区域供给服务的空间差异,有助于推动人类可获取的经济收益最大化。

(2)识别各生态系统调节服务和供给服务间权衡与协同关系及其时空演

化趋势。

目前，生态系统服务的研究目标仍聚焦于提升生态环境收益和获取更多经济收益。生态系统服务权衡与协同关系和生态系统分布格局直接影响经济收益、生态环境收益的大小和质量。生态系统服务组合（服务簇）是为人类提供多种福利的质量总和，取决于固有生态系统的种类和分布格局。在原有生态系统服务簇的基础上，人类通过影响一种或几种生态系统服务的大小来获取服务簇的更大收益。而对于通过人类活动对特定生态系统服务进行主动影响或间接干扰，能否达到增加目标生态系统服务量的预期，以及会不会同时引发两种或两种以上生态系统服务变化，都需要事先了解生态系统服务间是否存在相互抑制或相互促进关系（权衡或协同关系）。上述抑制或促进关系会随着自然环境要素的变化而产生量和质的改变，如权衡或协同关系发生显著性变化，生态系统服务间的关系由权衡关系转化成协同关系（或与之相反）。西辽河平原区的生态系统服务簇间是彼此抑制还是相互促进，以及权衡或协同关系作用的大小及其变化趋势等问题均值得深入研究。

（3）对生态系统服务进行可持续分区管理。

生态系统服务可持续管理应基于区域生态系统服务的大小与质量，并以解决生态系统所提供的调节服务和供给服务存在有限性与人类社会经济发展对生态产品需求量日益增长之间的矛盾为核心。现有的土地利用规划、主体功能区规划和生态功能区规划等多从规划角度倡导生态环境保护，但生态补偿等具体生态保护政策制定、落实及管理环节较为薄弱。生态环境保护的出发点是去人工化生态系统，恢复自然生态系统空间，避免加剧已有的由气候变化引起的生态环境问题，在兼顾社会经济发展合理要求的基础上，减少人工生态系统占比，其目标是维护和改善自然生态系统的服务与功能。生态系统服务的概念和生态系统服务间权衡与协同关系的提出，为找到生态环境保护和社会经济发展之间的平衡点提供了可能[56]。生态系统服务研究上升到生态系统服务可持续管理的理论层面，有利于将生态系统服务簇的价值洼地转变为价值高地，为人类提供合理、多样化及更高质量的福利。

### 1.3.2　研究内容

（1）研究区内典型生态系统服务类型的选取与评估。

本书选取西辽河流域内地势平缓的 3 个旗（县）行政区作为研究区，通过了解研究区内的自然环境条件、社会经济发展方式、生态系统类型及存在的生态问题，选取 7 种典型的生态系统服务作为目标服务类型，分别是农业供给、牧业供给、林业供给、人口居住、开发建设 5 种供给服务，以及防风固沙、水源涵养 2 种调节服务。以千米格网为评价基本单位，依据生态系统服务的明显变化特征，将 2000 年至 2014 年（15 年）划分为 3 个时间段，分阶段对生态系统服务的空间分布及大小进行评估。供给服务现状及变化基于 2000 年至 2014 年的年际统计数据、土地利用数据、NDVI 和资源划分等级评分等多个数据源进行融合评估；调节服务现状与变化则基于 2000 年至 2014 年的月均地下水埋深观测值、土壤、气象和植被覆盖度等进行评估。

（2）将研究区内典型的生态系统服务指标两两组合，从整体型和梯度水平型两个角度进行权衡与协同关系时空演变分析。

西辽河平原区地势平坦，土壤类型、土地利用类型、气象和水文等自然要素呈非均质分布。自然环境条件和人类活动强度的差异，导致生态系统服务权衡与协同关系随空间分布发生变化。因此，本书从整体型和梯度水平型两个角度，分析总体和不同梯度内的生态系统服务权衡或协同作用情况。整体型权衡与协同关系以研究区范围内的所有评价单元为样本，基于生态系统服务两两之间的简单相关系数符号、均方根误差值，判断权衡或协同关系类型并衡量权衡或协同关系的大小；梯度水平型权衡与协同关系则根据水源涵养值进行水资源适应性利用分区，将研究区划分成 4 种梯度水平，将各梯度区间内的评价单元作为独立样本，判断梯度内呈现的生态系统服务两两之间权衡或协同关系的类型和大小。

### 1.3.3　拟解决的关键问题

（1）全面了解近 15 年来西辽河平原区 7 个生态系统服务的 11 个指标的大小变化及空间分布变化趋势。

（2）以长时间序列生态系统服务空间数据为基础，从整体型权衡与协同关系、梯度水平型权衡与协同关系、可持续分区等多个视角深入分析各服务指标间关系的演变趋势。

## 1.4　研究方法与技术路线

### 1.4.1　研究方法

（1）文献分析法：通过广泛收集已有的生态系统服务权衡与协同关系、可持续管理等相关文献资料，进行有针对性的研读和思考，对文献进行系统梳理、分析和总结。

（2）田野调查法：2016 年 7 月至 8 月，作者前往内蒙古通辽市进行了实地调研，通过走访了解基本的生态系统服务现状和长期以来存在的生态问题，并收集了翔实的自然环境和社会经济发展相关资料，最终将研究区选定为通辽市下辖的科尔沁区、科尔沁左翼中旗和科尔沁左翼后旗 3 个旗县区。

（3）空间统计分析法：将收集整理的统计年鉴数据、遥感数据、各类自然属性和行政区信息等矢量数据进行汇总，用空间统计分析法评估典型生态系统服务的空间分布与大小。

（4）简单相关系数分析法：将两两生态系统服务作为两个变量，计算长时间序列的简单相关系数的符号与大小，用于综合判断两个变量（生态系统服务）的关系是权衡、协同还是无相关性。

（5）均方根误差（Root Mean Square Error，RMSE）：用选取的两个生态系统服务的均方根误差大小来代表权衡或协同关系的大小。

## 1.4.2 数据来源

2000 年至 2015 年，30m 土地利用类型数据、1km 年降水量插值数据和 1km 年平均气温插值数据来自中国科学院资源环境科学数据中心。2000 年至 2015 年，20 个基准站点和一般气象站点的风力数据来自中国气象数据网及当地气象部门，如图 1-4-1 所示。2000 年至 2014 年，地下水埋深数据从当地水务局和水利勘察设计院获取。2000 年至 2015 年，NDVI（MOD13Q1）产品从美国航空航天局的戈达德航天中心下载。2000 年至 2015 年，乡镇级行政单元的人口数据、牧业统计数据来自 2001 年至 2016 年旗县区统计局出版的统计年鉴。

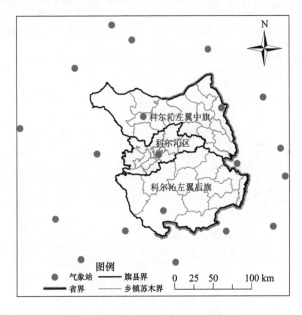

图 1-4-1 研究区气象站点分布图

## 1.4.3 数据处理

归一化植被指数（NDVI）：归一化植被指数对中低植被覆盖度较敏感，对高植被覆盖度敏感度较低，非常适合半干旱区植被动态变化和土壤风蚀沙化监测。

植被覆盖度（FVC）：植被覆盖度的计算可利用归一化植被指数，根据植被覆盖像元二分模型原理，某一像元植被信息是由部分植被信息和剩余无植被信息组成的，由此推论，某一像元植被覆盖值是 NDVI 与裸土 NDVI 的差值。那么，像元植被覆盖度为像元实际植被覆盖值与完全植被覆盖值之比。

$$FVC = \frac{NDVI - NDVI_{soil}}{NDVI_{veg} - NDVI_{soil}} \tag{1.1}$$

式中，FVC 为像元植被覆盖度；NDVI、$NDVI_{veg}$、$NDVI_{soil}$ 为像元实际 NDVI 值、完全植被覆盖的像元 NDVI 值、裸土无植被覆盖的像元 NDVI 值。

研究尺度设置为 1km² 是指使用 ArcGIS 的创建渔网，将研究区范围（矢量）划分若干个 1km² 的研究基础单元（占 75.41%），使用 ArcGIS 的联合和裁剪功能，对不规则边界处的基础单元进行裁剪，得到面积小于 1km² 的单元（占 24.59%），如图 1-4-2 所示。

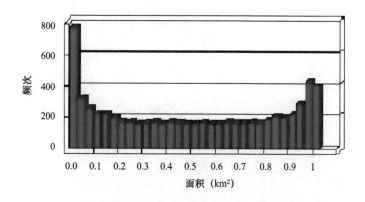

图 1-4-2　面积小于 1km² 的单元统计直方图

### 1.4.4　技术路线

本书技术路线图如图 1-4-3 所示。

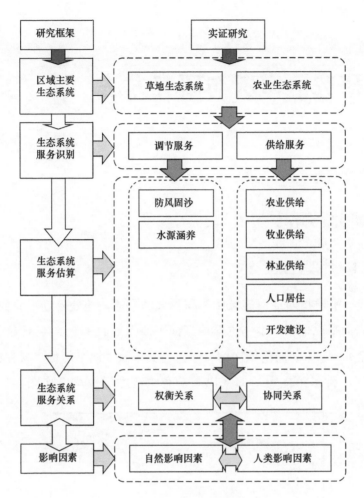

图 1-4-3 技术路线图

# 第 2 章
# 研究区概况与研究方法

## 2.1 研究区概况

### 2.1.1 地理位置

西辽河平原指西辽河流域中冲积形成的平原，地处松辽平原向内蒙古高原过渡的平原地带。本书选取西辽河平原东部的 3 个旗县区（内蒙古通辽市下辖）——由北向南依次为科尔沁左翼中旗（以下简称"科左中旗"）、科尔沁区、科尔沁左翼后旗（以下简称"科左后旗"），如图 2-1-1 所示。

图 2-1-1　研究区地理区位图

研究区西北靠扎鲁特旗，西邻开鲁县、奈曼旗和库伦旗；南邻辽宁省阜新市彰武县和辽宁省沈阳市康平县，东邻接吉林省松原市长岭县和吉林省四平市双辽市，东北靠吉林省白城市通榆县。地理范围介于东经119°14′28″～123°42′30″、北纬42°14′37″～45°59′24″，东西长206km，南北宽204km，面积为24528.09km²。

### 2.1.2　自然环境背景及主要生态问题

**1. 地貌特征**

西辽河平原区以地势平缓的河谷冲积地貌为主，地表风力阻力小，有丰富的可风蚀物质，利于土地沙化以形成沙丘。境内分布有较大面积的流动沙丘、半固定沙丘、固定沙丘及沙丘间草甸等。

西辽河平原区的主要地貌类型为冲积平原。基岩为泥质砂岩，地表组成物主要为第四纪的河流冲积、洪积和风积物，沉积物自西北向东南逐渐增厚。河流沉积物有全新统低阶地与河漫滩相砂砾层。在下更新统冲积－洪积物中，下部为砂砾石，中部为中细砂及粗砂，上部以粉细砂为主，总厚度为60～210m。第四纪风积沙分布于西辽河平原区中南部的科尔沁沙地，多为原生形成的明沙。西辽河平原区南缘有上更新统黄土。地势由西南向东北逐渐倾斜，海拔高度从304m递减至2m，坡度为2°～8°，如图2-1-2所示。

科尔沁区在西辽河平原区中部、科尔沁草原东南缘。地貌主体为西辽河中下游沿河冲积平原，河床面坡降比为1/1000～1/1500，地势平缓，无明显起伏地形，海拔范围为70～241m，平均海拔为170.8m。科尔沁区中部为肥沃狭长的低平草甸草原，属低河漫滩，在西辽河河谷区域以非对称的形式分布于河床两侧，其河漫滩宽度范围为5～1700m，平均高出河床1m，由粉砂、砂黏土和淤泥质黏土构成。科尔沁区的北部、东部、西部边缘带分布有间断起伏的流动沙丘和固定沙丘。其中，流动沙丘分布在教来河南岸海力斯台嘎查东北部和钱家店以南至黑坨子，主要由沙垄和新月形沙丘组成，自西向东缓慢移动；固定沙丘分布在南部前坨子、大席鹏和哈拉呼一带，沙丘相对高差为5～10m，最高处达到189.02m，由细砂和中细砂构成。

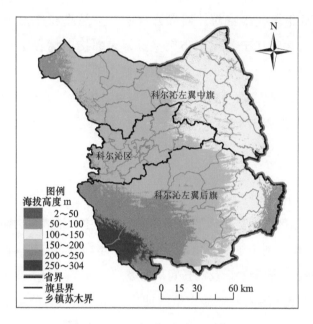

图 2-1-2　研究区海拔高度图

科左中旗处于科尔沁草原腹地,在科尔沁沙地北缘、大兴安岭东南缘、西辽河北岸,海拔范围为 48~284m,平均海拔为 157.5m。地势由西向东倾斜。地貌以河谷冲积为主,伴有风蚀堆积的平原。河谷冲积平原分布于西辽河、新开河和乌力吉木仁河等河流两侧,地形宽阔且低,海拔高度为 120~215m,宽度为 5~20km,中部和边缘地带分布有沙丘。地表层岩性为灰黑色亚黏土、亚砂土,局部有粉细砂。风蚀堆积平原主要集中在全旗西北部、北部、东北部及新开河与西辽河之间的带状沙垄,以流动沙丘、固定沙丘和沙丘间草甸构成。全旗境内仅有一座小山峰,名为玻璃山,形成于新生代第三纪后期,是橄榄玄武岩火山锥,海拔高度为 259.3m,相对高度为 120m,山底东西长 2km、南北宽 800m。

科左后旗处于科尔沁沙地与松辽平原交界地带,海拔范围为 2~304m,平均海拔为 184.2m。地势自西南部向东部逐渐倾斜。地貌以流动沙丘、半固定沙丘、固定沙丘及沙丘间草甸为主,西南部为半固定沙丘,中部地区的沙丘形成东西方向的多个平行沙带,并以沙丘间草甸形成特殊的沙垄草甸起伏地貌，东部边缘区为东辽河和西辽河的冲积平原。全旗仅有 3 座小山峰：大吐尔基山、小吐尔基山和阿古拉山。

2. 气候条件

雨热同期、无霜期较短，适合一年一季的粮食作物种植。大风日数多且集中在植被覆盖度最低、降水偏少的春冬季节，强风天气是本地区土壤受到侵蚀威胁的最大影响因素。

西辽河平原区属干旱、半干旱区，中温带季风气候，具有典型的水热同期的大陆性季风气候。春季干旱少雨，风力强，多偏南风；夏季温热，风力弱，降雨集中且变率大；秋季气温下降快且短促；冬季严寒漫长，降雪少，风力强，多西北风且大风日数较多。风向多变，年平均风速达到 4.5m/s，全年 8 级以上大风日数为 20 ～ 30 天。气温由东北向西南递增。年平均气温为 6.5℃左右，极端最高温达到 40.6℃，极端最低温达到 -34.7℃。日照时数为 3000 ～ 3100 小时。无霜期为 140 ～ 165 天。年均降水量为 350 ～ 480mm。年蒸发量是降水量的 4 ～ 5 倍。

3. 水资源

地表水几近干涸。上游来水和地表水补给不足导致地下水严重短缺，地下水水位下降明显。

在地表水方面，如图 2-1-3 所示，研究区内有多条河流，中部有自西向东的西辽河、教来河，北部有新开河和乌尔吉木伦河，南部有东辽河和秀水河，河流改道频繁；平原沙地型水库众多，科左中旗有都西庙水库、胡力斯台水库、小乃曼塔拉水库、乃曼塔拉水库、三八水库、苏吐水库 6 座中小型水库。科尔沁区境内有莫力庙水库、吐尔基山水库、吐尔基山红领巾水库和小塔子水库 4 座水库。科左后旗有散都水库、章古台水库、城五家子水库 3 座水库；湖泊主要集中在科左后旗境内，在沙陀间低洼处形成湖泊，科左中旗和科尔沁区的湖泊较少。西辽河平原区南部的湖泊多是在年平均风速大于 5m/s 的风蚀作用下形成的风蚀湖泊。

17

图 2-1-3 研究区河流水系图

地表水资源面临的问题：自 2000 年以来，除科左后旗境内的西辽河和东辽河河段可形成径流外，其他河流处于常年断流、干涸状态，甚至出现河道和滩地沙化现象。导致西辽河主干断流的原因包括上游超量取水、水库截水、土地利用变化使得地表植被水源涵养能力减弱等人类影响，以及气象条件变化趋向不利于形成径流（如气温增高导致蒸发加大，降水却进一步减少）等自然因素。几乎所有水库都属于草原沙漠水库，其中亚洲最大的莫力庙水库最具典型性，已经多年低于水库死水位，甚至有部分库区内种植了玉米等农作物。其他中小型水库也面临同样的困境，作为水库水源的河道无水、无泄洪水、水库常年缺水已成常态。湖泊面临的问题同样严峻，科左后旗境内湖泊面积正在减小，其滩地逐步沙化和碱化。科左中旗境内湖泊已逐步消失，其所处原地出现裸露的盐碱化土壤，多年来经过人类改造，种植了玉米等农作物。自此，地表水资源中可利用水资源很少，不再是主要用水源，转而将地下水资源作为生产和生活用水的重要来源。

在地下水资源方面，如图 2-1-4 所示，在 2000 年以前，研究区内地下水资源储量丰富，地下水埋深浅，补给源充足，属于第四系巨厚含水层，是富水性强孔隙水。早期工业发展较弱，地下水资源储量面对当时社会生产力水平下的生态、生产、生活等用水无压力且有富余。

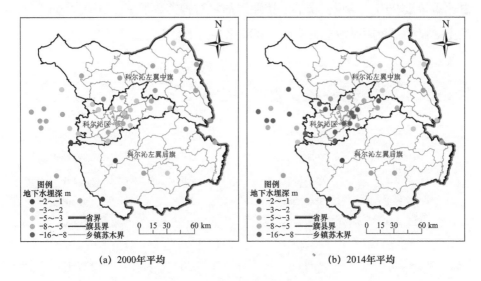

(a) 2000年平均　　　　　　　　　　(b) 2014年平均

图 2-1-4　研究区地下水埋深图

自 2000 年以来，科尔沁区主城区地下水埋深最低，地下水水位下降速度过快。以此为中心向外，地下水水位下降速度逐渐变慢，地下水埋深相对较浅，但普遍低于 2000 年以前的地下水埋深，形成明显的漏斗型地下水埋深。农业和工业生产用水量巨大并逐年增加，人类社会发展带动的城镇生活用水需求量也持续陡增。面对常年如此大量的用水需求，地表水资源无法满足，绝大部分用水压力转向地下水资源。而地下水资源也面临连续多年补给水源不足及地下水资源开采超过良性循环界限等问题，形成科尔沁区主城区范围内地下水漏斗和地下水水位下降速度加快等生态问题。

4．土壤条件

草原风沙土的面积比重最大，土地利用类型对应有草地和沙地，是主要风沙源。草甸土的面积比重次之，基本作为耕地，主要种植玉米等农作物。随着耕地面积的扩张，大部分草地转化为耕地，草原风沙土的防风固沙服务逐渐向农业供给服务转移。

从土壤亚类面积比重分析，草原风沙土占据总面积的近40%，其次为草甸土（比重接近36%），位居第三的是碱化栗钙土（比重为13.465%）。三者总比重接近90%。这说明虽然土壤亚类的绝对种类数很多，但绝大部分区域的土壤亚类以草原风沙土、草甸土和碱化栗钙土为主，如表2-1-1所示。

表 2-1-1　研究区土壤亚类面积表

| 序号 | 土壤亚类 | 面积／（hm²） | 面积百分比 | 面积累积百分比 |
|---|---|---|---|---|
| 1 | 草原风沙土 | 975930.759 | 39.720% | 39.720% |
| 2 | 草甸土 | 883418.331 | 35.955% | 75.675% |
| 3 | 碱化栗钙土 | 330840.521 | 13.465% | 89.140% |
| 4 | 湿潮土 | 68752.821 | 2.798% | 91.938% |
| 5 | 栗钙土 | 38467.982 | 1.566% | 93.504% |
| 6 | 草甸栗钙土 | 36975.683 | 1.505% | 95.009% |
| 7 | 草原碱土 | 35884.368 | 1.460% | 96.469% |
| 8 | 淡黑钙土 | 30383.017 | 1.237% | 97.706% |
| 9 | 滨海风沙土 | 26488.771 | 1.078% | 98.784% |
| 10 | 湖泊、水库 | 16000.175 | 0.651% | 99.435% |
| 11 | 酸性粗骨土 | 3897.593 | 0.159% | 99.594% |
| 12 | 灌淤潮土 | 3197.593 | 0.130% | 99.724% |
| 13 | 草甸沼泽土 | 1806.176 | 0.074% | 99.798% |
| 14 | 沼泽土 | 1798.536 | 0.073% | 99.871% |
| 15 | 碱化盐土 | 1598.727 | 0.065% | 99.936% |
| 16 | 中位泥炭土 | 599.518 | 0.024% | 99.960% |
| 17 | 冲积土 | 558.205 | 0.023% | 99.983% |
| 18 | 棕壤 | 406.696 | 0.017% | 100.000% |
| 19 | 盐化黑钙土 | 10.412 | 0.000% | 100.000% |

从土壤亚类空间分布情况分析（见图2-1-5）：草原风沙土分布于科左后旗的绝大部分区域，在科左后旗中东部，以东西向线性状态与草甸土的线性状态形成相隔分布；此外，草原风沙土还分布于科尔沁区东南部的小部分区域，科左中旗东南部和西北角落也有一小片草原风沙土分布。草甸土主要分布在科尔沁区的南半部区域，其次分布在科左后旗东部的南北狭长边缘区

域，在科左后旗中东部区域与草原风沙土间隔分布，在科左后旗西部有小面积零散分布。在科左中旗境内，草甸土沿东南行政界限边缘分布，以东南向西北带状分布延伸至科左中旗北部边缘；在科左中旗西半部中间区域，草甸土由东向西呈条带分布，直至与东部带状分布区相连。碱化栗钙土分布于科左中旗和科尔沁区，绝大部分在科左中旗西部区域，其次在科左中旗东部沿边地带。碱化栗钙土占据科尔沁区北半部主体区域。湿潮土大多分布在科左中旗境内中心区域及西南和西北边缘，以小斑块形式分布。科左后旗中部偏东区域分布有 3 个湿潮土斑块。其他 6 种土壤亚类如栗钙土、草原栗钙土、草原碱土、淡黑钙土、滨海风沙土和酸性粗骨土等几乎集中分布于科左中旗的东半部区域，只有草原碱土还在科左后旗和科尔沁区分布有一两个斑块。灌淤潮土仅以独立斑块的形式出现在西南角。其余几种土壤亚类面积极小，出现在科尔沁区西部边缘。湖泊、水库作为一种水域地表，分布于科尔沁区西部、东南部区域，零星分布在科左后旗中东部区域。

图 2-1-5　研究区土壤亚类分布图

在这种土壤亚类空间分布下，研究区具有以下特征。草原风沙土范围基本对应了草地，人类选择的生产方式为畜牧业，历经游牧、固牧、轮牧、休牧和禁牧，以适应生态系统服务的可持续发展。相对于草原风沙土而言，草甸土属于非常适合农作物生长的土壤，其范围几乎全部对应耕地，人类不仅选择农业生产方式，也选择在此生活居住，形成城镇和村落。碱化栗钙土对应的土地利用类型是变化的，并不固定对应耕地或草地。因为栗钙土是半干旱草原特有的土壤，有腐殖质层，可满足农作物对土壤肥力的需求，但土壤水分不高。因此，人类若选用农业生产方式，需要利用地表水或地下水进行灌溉，但这极易导致栗钙土盐碱化，最终形成碱化栗钙土。碱化土壤不具备农作生长的土壤环境条件，人类只好选择牧业生产方式。至此，在人地关系视角下，基于人类系统与自然生态系统的耦合关系，本研究区提供的生态系统服务是动态演化的。在自然生态系统中，土壤类型作为固有的地理背景条件，是人地关系演变的重要影响因素。土壤是主要风沙源，土壤类型决定了可提供多少风沙量。在本研究区内，草原风沙土是最主要的风沙源（占地面积最大）。

### 2.1.3　社会经济背景及存在的问题

研究区社会经济发展数据以 2015 年统计数据（来源：《内蒙古统计年鉴（2016）》）为参考。

2015 年，科尔沁区的行政区面积为 3516km$^2$，城镇化率为 45.0%。总人口数为 854401 人，比 2014 年增长 1.3%。人口密度为 243 人 /km$^2$。农村人口数为 384120 人，比 2014 年增长 1.0%。出生人口数为 7007 人，比 2014 年下降 4.3%。死亡人口数为 6212 人，比 2014 年增长 17.9%。全社会就业人员有 496173 人，比 2014 年增长 4.9%，第一、二、三产业从业人员占比为 35.3%、20.5%、44.2%，分别比 2014 年增长 2.0%、−0.8%、10.3%。乡村劳动力有 289836 人，同比增长 1.0%，其中，农林牧渔从业人员有 161126 人，同比增长 2.2%，占总人口的 18.9%。国民生产总值达到 6912805 万元，同比增长 8.5%，其中第一、二、三产业值的占比为 8.7%、49.2%、42.1%，工业产值占总产值的 42.1%。人均生产总值为 74794 元，同比增长 7.4%。一般公共预算收入为 504722 万元，同比增长 4.6%，一般公共预算支出为 1346389 万元，同比增长 11.0%，一般公共预算支出超出预算 166.8%。城镇常住居民人均可支配收入为 27588 元，同比增长 8.2%，农村牧区常住居民人均可支配收入为 14417 元，同比增长 7.8%，前者可支配收入高出后者 91.4%。农作物总播种面积为 157950hm$^2$，同比增长 1.3%，其中，粮食作物播种面积为 127778hm$^2$，同比增长 1.5%，粮食作物面积占农作物总面积的 80.9%。农林牧渔业总产值为 996675 万元，同比增长 4.4%。年末牲畜存栏头数为 167.70 万头（只），同比增长 0.4%，其中大牲畜（牛、马、驴、骡、骆驼）有 32.87 万头（只），同比下降 2.1%，大牲畜存栏占总牲畜存栏的 19.6%，羊有 65.59 万只，同比增长 4.7%，羊存栏占总牲畜存栏的 39.1%。

科左中旗的行政区面积为 9573km$^2$，城镇化率为 23.1%。总人口数为 519090 人，比 2014 年减少 2.5%。人口密度为 54.2 人 /km$^2$。农村人口数为 403274 人，比 2014 年增长 3.2%。出生人口数为 3760 人，比 2014 年下降 34.2%。死亡人口数为 4341 人，比 2014 年增长 37.6%。全社会就业人员有 308860 人，比 2014 年增长 2.7%，第一、二、三产业从业人员占比为 58.3%、13.9%、27.8%，分别比 2014 年增长 -1.9%、-11.6%、25.3%。乡村劳动力有 252106 人，同比增长 0.1%，其中，农林牧渔从业人员有 166470 人，同比减少 1.8%，占总人口的 32.1%。国民生产总值达到 1586889 万元，同比增长 7.7%，其中第一、二、三产业值的占比为 25.3%、38.7%、36.0%，工业产值占总产值的 36.8%。人均生产总值为 31706 元，同比增长 9.6%。一般公共预算收入为 37306 万元，同比增长 10.4%，一般公共预算支出为 375701 万元，同比增长 22.3%，一般公共预算支出超出预算 907.1%。城镇常住居民人均可支配收入为 21007 元，同比增长 8.5%，农村牧区常住居民人均可支配收入为 8997 元，同比增长 8.3%，前者可支配收入高出后者 133.5%。农作物总播种面积为 252135hm$^2$，同比增长 2.6%，其中，粮食作物播种面积为 232878hm$^2$，同比增长 3.0%，粮食作物面积占农作物总面积的 92.4%。农林牧渔业总产值为 644331 万元，同比增长 4.2%。年末牲畜存栏头数为 175.28 万头（只），同比增长 5.1%，其中，大牲畜（牛、马、驴、骡、骆驼）有 36.68 万头（只），同比增长 7.0%，大牲畜存栏占总牲畜存栏的 20.9%，羊有 94.50 万只，同比增长 8%，羊存栏占总牲畜存栏的 53.9%。

科左后旗的行政区面积为 11500km²，城镇化率为 30.9%。总人口数为 408894 人，比上年减少 0.1%。人口密度为 35.6 人/km²。农村人口数为 282647 人，比上年增长 1.2%。出生人口数为 3358 人，比上年下降 19.8%。死亡人口数为 1302 人，比上年减少 30.8%。全社会就业人员有 207296 人，比上年增长 5.7%，第一、二、三产业从业人员占比为 65.5%、8.7%、25.8%，比上年增长 5.5%、−1.5%、9.1%。乡村劳动力有 169709 人，同比增长 1.0%，其中，农林牧渔从业人员有 123977 人，同比增加 5.9%，占总人口的 30.3%。国民生产总值达到 1618737 万元，同比增长 8.0%，其中第一、二、三产业值的占比为 21.2%、40.3%、38.5%，工业产值占总产值的 37.2%。人均生产总值为 43720 元，同比增长 8.3%。一般公共预算收入为 45016 万元，同比增长 12.1%，一般公共预算支出为 337149 万元，同比增长 22.4%，一般公共预算支出超出预算 649.0%。城镇常住居民人均可支配收入为 21274 元，同比增长 8.6%，农村牧区常住居民人均可支配收入为 9502 元，同比增长 8.0%，前者可支配收入高出后者 123.9%。农作物总播种面积为 238594hm²，同比增长 5.8%，其中粮食作物播种面积为 189262hm²，同比增长 0.9%，粮食作物面积占农作物总面积的 79.3%。农林牧渔业总产值为 570146 万元，同比增长 4.0%。年末牲畜存栏头数为 121.91 万头（只），同比增长 6.0%，其中大牲畜（牛、马、驴、骡、骆驼）有 44.28 万头（只），同比增长 2.5%，大牲畜存栏占总牲畜存栏的 36.3%，羊有 56.08 万只，同比增长 13.2%，羊存栏占总牲畜存栏的 46.0%。

研究位于内蒙古自治区、辽宁省、吉林省交界处，区位优势明显，大城市虹吸作用明显。人口增长缓慢，科尔沁区、科左中旗、科左后旗的出生人口同比下降为 4.3%、34.2%、19.8%，人口流动主要以迁出为主，人口密度不高。科尔沁区、科左中旗、科左后旗的城镇化率为 45.0%、23.1%、30.9%，有较大增长空间，城镇化率与出生人口成反比。科左中旗城镇化率最低，出生人口下降也最严重。农林牧渔从业人口有小幅变动，但仍保持总人口的 18.9% ~ 32.1%。地方一般公共预算支出超出预算较大，一般公共预算收入增长的速度远不及一般公共预算支出增长的速度，一般公共预算赤字加大趋势显著。城镇与农村牧区常住居民人均可支配收入差距较大。科尔沁区、科左中旗、科左后旗的人均生产总值在 3.17 万元至 7.48 万元之间，有一定的差距。在经济发展方面，主要依赖农牧业和工业吸纳从业人员，工业产值占总产值的比重较大，农业和工业所需用水、耗水量最大。可利用水资源主要源于地下水资源储量。西辽河平原区的地下水埋深有 2m、3m、5m、8m 的生态阈值。经济发展用水与水资源生态系统阈值之间的平衡问题，导致在发展区域经济和保护区域生态系统之间形成无法回避的矛盾。

## 2.2 生态系统服务定量评估方法

### 2.2.1 水源涵养服务

水源涵养服务是指不同地表能够根据降水的强度（利用截留蓄水能力），提供净化水质、调节地表水与地下水资源量、促进良性水循环的一种生态系统服务。水源涵养服务可影响众多自然、人文因素和其他生态系统服务，涉及范围最为广泛且具有至关重要的作用。

#### 1. 3个评价指标及估算方法

本书选取水源涵养、水资源丰裕度和年际内水资源平衡系数作为代表指标。在本研究区中，地下水资源为主要用水源，也是水资源主体，其他地表径流、湖泊和水库等占总水资源的比例相对较小。地下水的主要补给来源为降水（近 80%），补给是通过地下水与降水的垂直循环方式实现的。地下水资源的主要排泄途径是农业用水和蒸散发。自 2000 年以来，地表水主要补给源（上游来水）急剧减少，导致大部分地表径流、湖泊干涸，水库水位接近死水位，加之本研究区降水不直接产生地表径流，致使地表水可提供的水源涵养服务很少。在综合考虑上述原因后，选择使用地下水来计算水源涵养服务，不使用径流和湖泊等地表水量数据。结合本研究区水资源结构、供给与涵养调节等特征，选取物质量法中的水资源平衡方法来评估水源涵养服务，利用 2000 年至 2014 年（15 年）的月平均地下水埋深数据进行估算。

1）水源涵养估算方法

对水资源丰裕度和年际内水资源平衡系数的不同组合进行综合赋分，评价水资源平衡程度与涵养水源的能力，如表 2-2-1 所示。

表 2-2-1　水源涵养服务赋分表

| 年际内水资源平衡系数 | | 水资源丰裕度 | | | | |
|---|---|---|---|---|---|---|
| | | A1 | A2 | A3 | A4 | A5 |
| 平衡良好 | B1 | 10.0 | 8.0 | 6.0 | 4.0 | 2.0 |
| | B2 | 9.8 | 7.8 | 5.8 | 3.8 | 1.8 |
| | B3 | 9.6 | 7.6 | 5.6 | 3.6 | 1.6 |
| 基本平衡 | B4 | 9.4 | 7.4 | 5.4 | 3.4 | 1.4 |
| | B5 | 9.2 | 7.2 | 5.2 | 3.2 | 1.2 |
| | B6 | 9.0 | 7.0 | 5.0 | 3.0 | 1.0 |
| 失衡 | B7 | 8.8 | 6.8 | 4.8 | 2.8 | 0.8 |
| | B8 | 8.6 | 6.6 | 4.6 | 2.6 | 0.6 |
| 严重失衡 | B9 | 8.4 | 6.4 | 4.4 | 2.4 | 0.4 |
| | B10 | 8.2 | 6.2 | 4.2 | 2.2 | 0.2 |

在表 2-2-1 中，水源涵养服务得分的最小值为 0.2 分，并以 0.2 分的间隔增加，最大值为 10 分。分值与所提供的水源涵养服务成正比。

2）水资源丰裕度估算方法

本书的水资源丰裕度 $A$ 是表征水资源量的年平均值相对于地区不同植被的生态需水阈值或地下水生态水位的富裕程度的指标。水资源丰裕度由大到小分为 5 类：非常充裕、较充裕、充裕、缺乏、非常缺乏，按照丰裕度赋予相应分值，以便计算水源涵养服务的大小，如表 2-2-2 所示。

表 2-2-2 水资源丰裕度分类

| 水资源丰裕度分类 | | 地下水埋深阈值（m） | 分值区间 |
|---|---|---|---|
| 非常充裕 | A1 | [0,2] | [8,10] |
| 较充裕 | A2 | (2,3] | [6,8) |
| 充裕 | A3 | (3,5] | [4,6) |
| 缺乏 | A4 | (5,8] | [2,4) |
| 非常缺乏 | A5 | (8,+∞) | [0,2) |

在表 2-2-2 中，非常充裕是指能够充分满足生态需水的需求且有非常富裕的可开采利用的水资源量，分值区间为 [8,10]；较充裕是指能够充分满足生态需水的需求且有一定可开采利用的水资源量，分值区间为 [6,8)；充裕是指能够充分满足生态需水的需求，分值区间为 [4,6)；缺乏是指仅能够满足最基本的生态需水的需求，分值区间为 [2,4)；非常缺乏是指不能够满足最基本的生态需水的需求，分值区间为 [0,2)。

由于地下水为水资源主体，因此选取地下水的生态水位作为水资源丰裕度阈值，依次是 2m、3m、5m、8m，参考陈敏建等学者[58]2013 年水利部公益性项目"西辽河平原"水－生态－经济"安全保障研究"的研究报告。2m 地下水水位是维持非地带性植被的草本正常生长的生态水位；3m 是保证非地带性植被的灌木、半灌木正常生长的生态水位；5m 是非地带向地带过渡性植被和地带性植被所必需的生态水位；8m 是可入渗补给地下水的较保守生态水位，也是维持地下水和生态系统可持续发展的生态水位阈值[26,37-38,123]。

3）年际内水资源平衡系数估算方法

年际内水资源平衡系数 $B$ 是利用主要补给期内水资源平衡（$X$）与整个周期内总的水资源平衡（$Y$）综合评定水资源平衡大小（水资源的盈亏大小）的系数，计算公式如下：

$$B = \begin{cases} f(X,Y), & XY \geqslant 0 \\ -\left|f(X,Y)\right|, & XY < 0,\ X+Y \neq 0 \\ -\text{OP}, & XY < 0,\ X+Y = 0 \end{cases} \quad (2.1)$$

$$Q = \{P(X,Y) \mid P \in \text{I,II,III,IV}\} \tag{2.2}$$

$$\text{OP} = \sqrt{X^2 + Y^2} \tag{2.3}$$

$$f(X,Y) = \text{OP}(X+Y) = \sqrt{X^2 + Y^2}\,(X+Y) \tag{2.4}$$

式中，$P(X,Y)$ 是以 $X$ 和 $Y$ 为坐标的点。OP 是点 $P(X,Y)$ 到原点的距离。$Q$ 是直角坐标系中点 $P(X,Y)$ 所在的象限。$Q$ 和 OP，即 $P(X,Y)$ 所处区位决定年际内水资源平衡系数 $B$ 的大小：如果点 $P(X,Y)$ 在象限 I 或 III（$X$ 和 $Y$ 符号相同）或 $X$ 和 $Y$ 至少有一个为 0，那么 $B$ 等于 OP 乘以 $X$ 与 $Y$ 之和；如果点 $P(X,Y)$ 在象限 II 或 IV（$X$ 和 $Y$ 符号相反）且 $X$ 和 $Y$ 之和不等于 0，那么 $B$ 等于 OP 乘以 $X$ 与 $Y$ 之和，再取绝对值的负数；如果点 $P(X,Y)$ 在象限 II 或 IV（$X$ 和 $Y$ 符号相反）且 $X$ 和 $Y$ 之和等于 0，那么 $B$ 等于 OP 的负数。$B$ 是正数，则其大小与良性平衡程度成正比，$X$ 和 $Y$ 均有盈余；$B$ 是负数，则其绝对值大小与失衡的程度成正比，$X$ 与 $Y$ 至少有一个亏缺；$B$ 为 0 代表基本处于平衡状态，$X$ 与 $Y$ 盈亏持平。

$X$ 的计算公式如下：

$$X = \beta - \alpha \tag{2.5}$$

以水资源主要补给期为关键时期，了解地下水资源平衡情况。由于降水是地下水的主要补给来源，因此，可将降水集中的月份作为水资源补给期，计算关键时期结束与开始时的水资源量差值，即将主要补给期内水资源盈亏大小作为水资源平衡，定义为主要补给期内水资源平衡 $X$。$X$ 等于主要补给期末值 $\beta$ 减去主要补给期初始值 $\alpha$，本书选用地下水埋深作为水资源差值，单位为 m。其值为正表示水资源有盈余，大小与盈余成正比；其值为负表示水资源亏缺，绝对值大小与亏缺成正比；其值为 0 代表盈亏持平。$\alpha$ 是主要补给期初始值，依据西辽河平原的气象和作物物候期特点，3 月、4 月降水较少且是集中降水前夕，地下水水位进入较稳定时期，综合考虑后，$\alpha$ 取 3 月和 4 月 2 个月的平均值；$\beta$ 是主要补给期末值，西辽河平原作物复种指数为 1，并且 9 月、10 月作物灌溉有所下降，降水减少、潜水蒸发减弱，因此选取 9 月和 10 月 2 个月的平均值，取均值是因这 2 个月地下水埋深波动较大，要达到相对稳定的埋深，会有一定的滞后时间，取均值能更好地反映客观情况。

$Y$ 的计算公式如下：

$$Y = \alpha_{下} - \alpha \qquad (2.6)$$

$Y$ 等于下一个主要补给期初始值 $\alpha_{下}$ 减去本年度主要补给期初始值 $\alpha$，$\alpha_{下}$ 取 3 月和 4 月 2 个月的平均值。

年际内水资源平衡系数分类如表 2-2-3 所示。

表 2-2-3　年际内水资源平衡系数分类

| 年际内水资源平衡系数分类 | | 年际内水资源平衡系数分类阈值 |
| --- | --- | --- |
| 平衡良好 | B1 | $(3,+\infty)$ |
| | B2 | $(2,3]$ |
| | B3 | $(1,2]$ |
| 基本平衡 | B4 | $(0.5,1]$ |
| | B5 | $(0,0.5]$ |
| | B6 | $(-0.5,0]$ |
| 失衡 | B7 | $(-1,-0.5]$ |
| | B8 | $(-2,-1]$ |
| 严重失衡 | B9 | $(-3,-2]$ |
| | B10 | $(-\infty,-3]$ |

## 2. 水资源适应性利用分区

水资源适应性利用分区（见表 2-2-4）是在自然水循环与人类社会对水资源的利用下，基于年际内水资源平衡系数与水资源丰裕度，将地区水系统划分为具有不同适应程度的区域，可为不同水资源的适应性利用管理提供依据[59]。

表 2-2-4　水资源适应性利用分区

| 年际内水资源平衡系数分类 | 水资源丰裕度分类 | | | | |
|---|---|---|---|---|---|
| | 非常充裕 | 较充裕 | 充裕 | 缺乏 | 非常缺乏 |
| 平衡良好 | 非常适应 | 非常适应 | 适应 | 不适应 | 不适应 |
| 基本平衡 | 非常适应 | 适应 | 适应 | 不适应 | 非常不适应 |
| 失衡 | 适应 | 适应 | 不适应 | 非常不适应 | 非常不适应 |
| 严重失衡 | 适应 | 不适应 | 不适应 | 非常不适应 | 非常不适应 |

人类社会对水系统良性循环的适应程度由高到低可分为 4 个梯度：非常适应，指水系统循环良好，有适当增加利用的空间；适应，指能维持水系统循环，可保持原有利用方式和提高用水效率；不适应，指处于水系统循环不可持续的临界状态，需要改善原有的利用方式和提高用水效率；非常不适应，指水系统循环已不可持续，亟须转变水资源利用方式和有效提高用水效率。

## 2.2.2　防风固沙服务

防风固沙服务是指以地表植被覆盖层为生态屏障，减小土壤表层风力侵蚀作用和减缓土壤沙化的生态系统服务，是保护生产、生活、生态环境免受沙漠化和沙尘暴等自然灾害损害的重要生态系统服务。基于区域自然生态环境差异，不同地区的防风固沙服务的代表性指标和主要影响要素也有差异。

### 1．3 个评价指标及估算方法

根据西辽河平原的植被覆盖条件和风力作用特征，本书选取实际土壤风蚀强度、防风固沙量和防风固沙率 3 个指标来对防风固沙服务演变特征进行评估。

1）实际土壤风蚀强度估算方法

实际土壤风蚀强度代表单位面积内全年实际受到的风力侵蚀的程度。本书基于 2008 年中华人民共和国水利部发布并实施的《土壤侵蚀分类分级标准》（SL190—2007）中的土壤风蚀分级标准，进一步细分了实际土壤风蚀强度，得出适用于本研究区的土壤风蚀强度分级：微度，轻度 1 级、轻度 2 级、轻度 3 级，中度 1 级、中度 2 级，强烈，极强烈，如表 2-2-5 所示。

表 2-2-5　土壤风蚀强度分级表（风蚀强度单位为 $t/(hm^2 \cdot a)$）

| 级　别 | 风蚀强度 | 本书划分级别 | 风蚀强度 |
|---|---|---|---|
| 微度 | <2 | 微度 | [0,2] |
| 轻度 | 2~25 | 轻度1级 | (2,5] |
| | | 轻度2级 | (5,15] |
| | | 轻度3级 | (15,25] |
| 中度 | 25~50 | 中度1级 | (25,35] |
| | | 中度2级 | (35,50] |
| 强烈 | 50~80 | 强烈 | (50,80] |
| 极强烈 | 80~150 | 极强烈 | (80,150] |

2）防风固沙量估算方法

防风固沙量是区域内可能发生的最大土壤风蚀量与实际发生的土壤风蚀量的差值，可表征区域生态系统防风固沙服务的大小，单位为 t。计算公式如下：

$$S_{防风固沙量} = S_{潜在} - S_{实际} \tag{2.7}$$

$$S_{实际} = S_{耕地} + S_{林草地} + S_{未利用地} \tag{2.8}$$

$$S_{潜在} = S_{可风蚀性地表} \tag{2.9}$$

式（2.7）～式（2.9）中，$S_{防风固沙量}$ 为区域防风固沙量；$S_{实际}$ 为实际土壤风蚀量，指在土壤风蚀期间，不同类型的可风蚀性地表在不同风速作用下实际受到的土壤侵蚀的总和，在本书中，包含耕地、林草地和未利用地的土壤风蚀量；$S_{耕地}$、$S_{林草地}$、$S_{未利用地}$ 分别为耕地土壤风蚀量、林草地土壤风蚀量、未利用地土壤风蚀量，由耕地、林草地、沙地对应的土壤风蚀强度模型和相应面积计算得出。未利用地选取（一级土地利用类型下属的）部分二级土地利用类型，如沙地、盐碱地、裸土地、其他土地。未选取的二级土地利用类型有戈壁、沼泽地。未选取原因：戈壁——研究区内没有该土地类型；沼泽地——土壤湿度大，土壤颗粒小，黏性较大，不符合风蚀地表的干燥和土壤颗粒粗糙等条件；$S_{潜在}$ 为潜在土壤风蚀量，是将实际的可风蚀性地表假设为统一的沙地（风沙土且无覆被）而得出的总土壤风蚀量；$S_{可风蚀性地表}$ 为可风蚀性地表土壤风蚀量，假设其地表条件等同于无覆被的沙地，空间范围等于同年实际土壤风蚀量的计算范围（包括耕地、林草地和未利用地），然后由沙地土壤风蚀强度模型计算得出。

根据每公顷的防风固沙量（单位为 t/hm²）的大小，可将防风固沙服务划分成 6 类，由小到大为无（防风固沙）、一般重要、略微重要、比较重要、重要、非常重要，如表 2-2-6 所示。

表 2-2-6　防风固沙服务重要性分类表

| 按防风固沙量分类 | | 分类区间 | 每公顷固沙量（t/hm²） |
| --- | --- | --- | --- |
| 无 | SL0 | 0 | 无 |
| 一般重要 | SL1 | (0,10] | 极小 |
| 略微重要 | SL2 | (10,50] | 较小 |
| 比较重要 | SL3 | (50,150] | 中等 |
| 重要 | SL4 | (150,300] | 较大 |
| 非常重要 | SL5 | (300,1500] | 极大 |

3）防风固沙率估算方法

防风固沙率计算公式如下：

$$S_{防风固沙率} = \frac{S_{防风固沙量}}{S_{潜在}} \times 100\% \qquad (2.10)$$

式中，$S_{防风固沙率}$ 为区域防风固沙率，单位为 %；$S_{防风固沙量}$ 为区域防风固沙量；$S_{潜在}$ 为潜在土壤风蚀量。

为衡量防风固沙服务的大小，将防风固沙率从小到大划分为 6 类，如表 2-2-7 所示。

表 2-2-7　防风固沙率分类表

| 防风固沙率分类 | | 防风固沙率阈值（%） |
| --- | --- | --- |
| 极低 | SLV1 | [0,10] |
| 较低 | SLV2 | (10,30] |
| 中等 | SLV3 | (30,50] |
| 较高 | SLV4 | (50,70] |
| 极高 | SLV5 | (70,90] |
| 最高 | SLV6 | (90,100] |

**2．基本参数选择**

在估算防风固沙服务时，时间参数有风蚀期和累积风蚀时间。年内具备引发土壤风蚀条件的时间段为土壤风蚀期，简称风蚀期。本书根据气象站点的风力和降水统计数据，选取 1 月至 6 月、10 月至 12 月作为风蚀期。在风蚀期内，由风蚀临界风速算起，各级风速累积发生的风蚀总时间为累积风蚀发生时间，简称累积风蚀时间。其中，风蚀临界风速是指可发生风蚀的基本风速，不同地表类型的风蚀临界风速各不相同。

在估算防风固沙服务时，空间范围与可风蚀性地表分布范围相同。根据是否满足土壤表面风蚀条件，可将土地利用类型分为可风蚀性地表和不可风蚀性地表（见表 2-2-8）。选取水域、城乡居民建设用地作为不可风蚀性地表的土地利用类型。耕地、林草地（林地、草地）、未利用地作为可风蚀性地表的土地利用类型，其二级土地利用类型包括水田（在本研究区范围内，水田指无霜期内小面积灌区水稻田，其在风蚀期内无水，符合风蚀地表条件）、旱地、有林地、灌木林地、疏林地、其他林地、高覆盖草地、中覆盖草地、低覆盖草地、沙地、戈壁、盐碱地、裸土地、其他土地、河渠和滩地（在本研究区范围内，河渠和滩地选取符合风蚀性地表条件的西辽河、清河、新开河等自 2000 年以来常年断流干涸、实际地表裸露或植被稀少的范围，不包括科尔沁区城区西辽河景观用水部分和东西辽河段）。

表 2-2-8 可风蚀性地表、不可风蚀性地表对应的土地利用类型

| 土地利用类型 | 可风蚀性地表 | 不可风蚀性地表 |
|---|---|---|
| 一级 | 耕地、林草地（林地、草地）、未利用地 | 水域、城乡居民建设用地 |
| 二级 | 水田、旱地、有林地、灌木林地、疏林地、其他林地、高覆盖草地、中覆盖草地、低覆盖草地、沙地、戈壁、盐碱地、裸土地、其他土地、河渠（常年断流干涸）、滩地（常年断流干涸） | 河渠、滩地、湖泊、水库坑塘、沼泽地、城镇用地、农村居民点、其他建设用地 |

在表 2-2-8 中，可风蚀性地表的河渠（常年断流干涸）、滩地（常年断流干涸）指本研究区内的清河（时令河）、新开河、主要依靠上游来水的西辽河，其自 2000 年以来，除在个别丰水年形成少量径流外，常年断流、干涸。土壤风蚀期内的河道及其滩地因无植被或植被稀少而近似裸土地，并且河、洪积物（河道内的冲积物、洪灾的冲积物）裸露的地表提供沙源，已出现风蚀沙化，符合可风蚀性地表条件。不可风蚀性地表的河渠、滩地指本研究区

内的科尔沁区城区西辽河景观用水段、科左后旗境内西辽河河段与东辽河，其因降水充沛，形成径流的条件稳定，符合不可风蚀性地表条件。

### 3. 土壤风蚀量模型选择

防风固沙服务大小与土壤风蚀量密切相关。土壤风蚀量是在全年区域范围内，不同类型的可风蚀性地表面积乘以对应地表类型的土壤风蚀强度，得到各类地表受到风力侵蚀的土壤总量，单位为 t。土壤风蚀强度是测算单位时间内，以风力为营力，使单位面积内土壤、土壤母质及其他地面组成物质被破坏、剥蚀、转运和沉积时土体所损失的量，是表征土壤风蚀强度的指标，单位为 $t/(hm^2 \cdot a)$，即每年每公顷的土壤损失总量。

高尚玉、张春来等学者的经验土壤风蚀量模型[57]的参考依据：基于风沙环境风洞，模拟我国半干旱典型草原区，符合本研究区风场和自然环境条件；模拟土壤选用草原栗钙土和风沙土等原状土样，与本研究区土壤水分和土壤类型一致；可风蚀性地表选取无植被覆盖的沙地、有植被覆盖的草地和无植被覆盖的耕地，与本研究区以草地和耕地为主要土地利用类型的情况相符；土壤风蚀强度中虽未加入地形与土壤水参数，但应用到本研究区没有太大差值（因本研究区属冲积平原，地势平坦，风蚀期内的次降水量平均低于20mm，在较大风力作用下，风蚀地表很难保持表层土壤水）。因此，本书选用高尚玉、张春来等学者建立的风蚀预报经验模型：耕地、林草地、沙地3种土壤风蚀强度模型，用于估算土壤风蚀量。将土壤风蚀各级风速累积时间（单位为 min）、植被覆盖度（空间分辨率为250m）、土壤类型（空间分辨率为1km）、土地利用类型（空间分辨率为30m）等参数代入风洞实验经验模型，得到 2000 年至 2015 年实际土壤风蚀强度，单位为 $t/(hm^2 \cdot a)$，具体模型如下。

耕地土壤风蚀强度是将风洞实验强度经过风速修订和尺度修订转换成的大田环境下的实际耕地土壤风蚀强度。由风洞实验强度模型可知，地表粗糙度与土壤风蚀强度成反比，即耕地表面越平整，土壤风蚀作用越大。因为本研究区内的耕地大部分为潮土，河渠（常年断流干涸）、滩地（常年断流干涸）也为潮土，并且地表平坦，风蚀期内均无植被覆盖。因此，二级土地利用类型中的水田、旱地、河渠（常年断流干涸）、滩地（常年断流干涸）可使用耕地土壤风蚀强度模型。计算公式如下：

$$Q_{耕地}=10B\times\sum_{i=1}\left[T_i\exp\left(a_1+\frac{b_1}{z_0}+c_1\sqrt{A\times U_i}\right)\right] \qquad (2.11)$$

式中，$Q_{耕地}$是耕地土壤风蚀强度；$B$ 是尺度修订系数，典型草原区的尺度修订系数取值 0.0018，适用于本研究区的尺度转换条件；$U_i$ 是第 $i$ 级耕地土壤风蚀临界风速（单位为 m/s），取耕地土壤风蚀临界风速第 $i$ 级范围的平均风速（见表 2-2-9），由于中国北方以旱作农业为主，在非种植时期耕地的土壤风蚀临界风速相较于沙地的土壤风蚀临界风速（5m/s）略大，故耕地的土壤风蚀临界第一级风速取值 5.5m/s；$T_i$ 是土壤风蚀时期内对应 $U_i$ 范围内的气象站点风速累积时间（单位为 min）；$a_1$ 是常数项，取值 −9.208；$b_1$ 是常数项，取值 0.018；$c_1$ 是常数项，取值 1.955；$z_0$ 为地表空气动力学粗糙度（单位为 cm），根据中国北方传统翻耕起垄、裸露耕地表面等特征，取值 0.55cm；$A$ 是风速修订系数，将气象站点风速转换为风洞轴线风速，取值 0.89。

表 2-2-9 耕地土壤风蚀临界风速（m/s）

| 级别 | 范围 | 平均值 | 级别 | 范围 | 平均值 |
|---|---|---|---|---|---|
| $U_1$ | 5～6 | 5.5 | $U_9$ | 13～14 | 13.5 |
| $U_2$ | 6～7 | 6.5 | $U_{10}$ | 14～15 | 14.5 |
| $U_3$ | 7～8 | 7.5 | $U_{11}$ | 15～16 | 15.5 |
| $U_4$ | 8～9 | 8.5 | $U_{12}$ | 16～17 | 16.5 |
| $U_5$ | 9～10 | 9.5 | $U_{13}$ | 17～18 | 17.5 |
| $U_6$ | 10～11 | 10.5 | $U_{14}$ | 18～19 | 18.5 |
| $U_7$ | 11～12 | 11.5 | $U_{15}$ | 19～20 | 19.5 |
| $U_8$ | 12～13 | 12.5 | $U_{16}$ | 20～21 | 20.5 |

林草地土壤风蚀强度是将风洞实验强度经过风速修订和尺度修订转换至大田环境下，基于栗钙土的实际土壤风蚀强度。由风洞实验强度模型可知，植被覆盖度与土壤风蚀强度成反比，即植被覆盖度越大，土壤风蚀作用越小。植被覆盖度与土壤风蚀临界风速成正比，植被覆盖度越高，土壤风蚀临界风速越大。二级土地利用类型中的有林地、灌木林地、疏林地、其他林

地、高覆盖草地、中覆盖草地、低覆盖草地可使用林草地土壤风蚀强度模型。计算公式如下：

$$Q_{林草地} = 10B \sum_{i=1,j=1} \left[ T_{ij} \exp\left( a_2 + b_2 \text{FVC}_{ij}^2 + \frac{c_2}{A U_{ij}} \right) \right] \qquad (2.12)$$

式中，$Q_{林草地}$是林草地土壤风蚀强度，考虑到林地和草地的嵌套特征、空间分布不均等特征，较难分开，所以没有各自建立强度模型，采用林地和草地通用的应用经验强度模型；$B$是尺度修订系数，取值 0.0018；$i$是气象站风速对应等级序号，$j$是林草地土壤风蚀对应植被覆盖度等级序号；$\text{FVC}_{ij}$为林草地土壤风蚀的植被覆盖度（%）；$U_{ij}$是气象站第$ij$级林草地土壤风蚀临界风速（单位为 m/s），取林草地土壤风蚀临界风速第$ij$级平均风速；$\text{FVC}_{ij}$和$U_{ij}$，即植被覆盖度与林草地土壤风蚀临界风速对应范围是由风洞实验下的相关关系公式获得的，当植被覆盖度为 0 时，林草地的土壤风蚀临界第一级风速取值 8.5m/s，对林草地而言，当植被覆盖度大于 70% 时，任何风速都不具有风蚀土壤的能力；$T_{ij}$是土壤风蚀时期内对应$U_{ij}$风速范围内的气象站点风速累积时间（单位为 min）；$a_2$是常数项，取值 2.4869；$b_2$是常数项，取值 -0.0014；$c_2$是常数项，取值 -54.9472；$A$是风速修订系数，取值 0.89。

沙地土壤风蚀强度是基于风沙土原状土进行风洞实验，并经过风速修订和尺度修订转换至大田环境下的沙地实际土壤风蚀强度。由风洞实验强度模型可知，植被覆盖度与土壤风蚀临界风速成正比，与土壤风蚀强度成反比。即使在相同植被覆盖度的条件下，沙地土壤风蚀强度也不同于林草地土壤风蚀强度。二级土地利用类型中的沙地、盐碱地、裸土地、其他土地可使用沙地土壤风蚀强度模型。计算公式如下：

$$Q_{沙地} = 10B \sum_{i=1,k=1} \left[ T_{ik} \exp\left( a_3 + b_3 \text{FVC}_{ik} + c_3 \cdot \frac{\ln\left( A U_{ik} \right)}{A U_{ik}} \right) \right] \qquad (2.13)$$

式中，$Q_{沙地}$是沙地土壤风蚀强度，$i$是气象站风速对应等级序号，$k$是沙地土壤风蚀对应植被覆盖度等级序号；$B$是尺度修订系数，取值 0.0018；$\text{FVC}_{ik}$为沙地土壤风蚀的植被覆盖度（%）；$U_{ik}$是气象站第$ik$级沙地土壤风蚀临界风速（单位为 m/s），取沙地土壤风蚀临界风速第 *ik* 级平均风速（见表 2-2-10）；
$FVC_{ik}$ 和 $U_{ik}$，即植被覆盖度与沙地土壤风蚀临界风速对应范围是由风洞实验
下的相关关系公式获得的，当植被覆盖度为 0 时，沙地土壤风蚀临界第一级
风速取值 5.5m/s，对沙地而言，当植被覆盖度大于 80% 时，任何风速都不
具有风蚀土壤的能力。$T_{ik}$ 是土壤风蚀时期内对应 $U_{ik}$ 风速范围内的气象站点
风速累积时间（单位为 min）；$a_3$ 是常数项，取值 6.1689；$b_3$ 是常数项，取
值 -0.0743；$c_3$ 是常数项，取值 -27.9613；$A$ 是风速修订系数，取值 0.89。

表 2-2-10　土壤风蚀临界风速（m/s）与植被覆盖度

| 级别 | 范围 | 平均值 | 级别 | 范围 | 平均值 |
|---|---|---|---|---|---|
| $U_{11}$ | 5～6 | 5.5 | $FVC_{11}$ | 0～5 | 2.5 |
| $U_{22}$ | 6～7 | 6.5 | $FVC_{22}$ | 5～10 | 7.5 |
| $U_{33}$ | 7～8 | 7.5 | $FVC_{33}$ | 10～20 | 15.0 |
| $U_{44}$ | 8～9 | 8.5 | $FVC_{44}$ | 20～30 | 25.0 |
| $U_{55}$ | 10～11 | 10.5 | $FVC_{55}$ | 30～40 | 35.0 |
| $U_{66}$ | 11～12 | 11.5 | $FVC_{66}$ | 40～50 | 45.0 |
| $U_{77}$ | 13～14 | 13.5 | $FVC_{77}$ | 50～60 | 55.0 |
| $U_{88}$ | 14～15 | 14.5 | $FVC_{88}$ | 60～70 | 65.0 |
| $U_{99}$ | 16～17 | 16.5 | $FVC_{99}$ | 70～80 | 75.0 |

### 2.2.3　农业供给服务

本书所论述的农业供给服务是大农业（农林牧渔产业）中狭义种植农业
所提供的生态系统服务（农产品供给的潜在和实际能力）。本研究区内形成
农业与畜牧业相间的格局，主要和次要原因是气象条件和土壤类型的差异。
在计算农业供给服务潜在能力时，不仅要考虑种植业的不同耕地类型，即水田
和旱地，也要考虑作为基础条件的土壤类型，即沙地和非沙地（除沙地外的其
他耕地范围内的所有土壤类型）。此外，对于农业供给服务的实际能力，利用同
类型的耕地与土壤内部不同农作物长势来衡量。农业供给服务的计算公式如下：

$$N = \frac{NDVI}{NDVI_{均}} \cdot N_{分值} \tag{2.14}$$

式中，$N$ 是农业供给服务分值；$NDVI_{均}$是基本行政单元内的 NDVI（农作物
长势）均值；$N_{分值}$是像元对应的土地利用类型和土壤类型所对应的农业供给

服务赋分值，如表 2-2-11 所示。

表 2-2-11 像元属性组合赋分表

| 土地利用类型 | 土壤类型 | 赋分值 |
| --- | --- | --- |
| 水田 | 非沙地 | 8 |
| 旱地 | 非沙地 | 6 |
| 水田 | 沙地 | 4 |
| 旱地 | 沙地 | 2 |

### 2.2.4 牧业供给服务

本书中的牧业供给服务是指承载畜牧产品的实际能力。本研究区是农牧交错区，有可提供饲草的可利用天然草场，但仅能满足部分畜牧业的发展需要。因此，部分缺口由本区域主要种植的青贮玉米、粮食玉米及秸秆来补充。在衡量本研究区牧业供给服务大小时，首先，以草地植被长势代表草地产草量，即使用 NDVI 代表产草能力；其次，充分考虑承载的牧业产品密度（基本行政单元内草地和耕地单位面积上所承载的羊的总头数），本研究区内有大、小牲畜，将其中的大牲畜换算成标准羊单位进行估算，计算公式如下：

$$M = \frac{NDVI}{NDVI_{均}} \cdot \frac{m_大 \lambda + m_小}{\Lambda_{耕草}} \quad (2.15)$$

式中，$M$ 是牧业供给服务分值；$NDVI_{均}$ 是基本行政单元内的 NDVI 均值；$m_大$ 是行政单元内牧业统计年的大牲畜（牛、马、驴、骡、骆驼）头数；$\lambda$ 是大牲畜的羊单位系数，本书取值 5；$m_小$ 是行政单元内牧业统计年的小牲畜（绵羊、山羊）头数；$\Lambda_{耕草}$ 是基本行政单元内的高覆盖草地、中覆盖草地、低覆盖草地、水田和旱地面积，单位为 km$^2$。

### 2.2.5 林业供给服务

林业供给服务是指涵盖森林直接提供的物质性生态系统服务，如原材料供给和林业产品供给，以及气候调节、涵养水源、休憩服务、防风固沙等服务。本书在估算林业供给服务时，根据不同类型林地在单位面积内可提供的产品物质量相对大小进行赋分，产品物质量与生态系统服务分值成正比。计算范围取（30m 尺度上的）土地利用类型中的 4 种二级土地利用类型：有林地、疏林地、灌木林地、其他林地。同种林地内部的树或灌木的植被生长情况也不尽相同，因此，需要用实际 NDVI 值与 NDVI 平均值的比值来区分林地长势。林业供给服务的计算公式如下：

$$L = \frac{\text{NDVI}}{\text{NDVI}_{均}} \cdot L_{分值} \tag{2.16}$$

式中，$L$ 是林业供给服务分值；$\text{NDVI}_{均}$ 为基本行政单元内的 NDVI 均值；$L_{分值}$ 是林地类型所对应的生态系统服务赋分值，有林地赋值 8，疏林地赋值 6，灌木林地赋值 4，其他林地赋值 2。

### 2.2.6　人口居住服务

本书中的人口居住服务是指生态系统为在单位面积内生活的人所提供的居住、公共基础设施等服务。本书以乡镇苏木行政单元内的城镇用地的非农业人口密度和农村居民点范围内的农业人口密度表征人口居住服务。计算数据涉及 30m 尺度二级土地利用栅格数据中的城镇用地和农村居民点土地利用类型，以及乡镇苏木行政单元的非农业人口和农业人口长时间序列统计数据。

将 41 个乡镇苏木行政单元分成 3 类分别计算。第 1 类：3 个，全部为非农业人口空间分布；第 2 类：4 个，区分非农业人口和农业人口的人口空间分布；第 3 类：34 个，不区分非农业人口和农业人口的人口空间分布。

#### 1. 第1类

科尔沁区主要街道办事处、红星街道办事处和建国街道办事处这 3 个乡镇苏木单元中城镇用地范围内的人口全部计入非农业人口空间分布。用非农业人口除以城镇用地面积，单位为人 / km$^2$。

#### 2. 第2类

本研究区处于农业向牧业过渡的交错区域，考虑到城镇面积普遍较小，对于有必要和有意义的乡镇苏木单元，进行非农业人口在城镇用地和农业人口在农村居民点的人口空间分布计算。选取标准有 3 个：选取现旗县区的政府所在镇，即保康镇、甘旗卡镇；选取原旗县区的政府所在镇，即宝龙山镇；选取面积仅次于旗县区的政府所在镇，即乡镇苏木政府所在地的舍伯吐镇。

非农业人口在城镇用地的人口空间分布：计算保康镇、宝龙山镇、舍伯吐镇、甘旗卡镇等各镇的非农业人口与相应镇区的城镇用地面积的比值，单位为人 / km²。

农业人口在农村居民点的人口空间分布：农村居民点（提取）范围包括除上述 4 个镇区外的所有农村。计算农业人口与农村居民点面积的比值，单位为人 / km²。

### 3．第3类

对其他乡镇苏木单元计算人口空间分布，用非农业人口与农业人口之和除以城镇用地与农村居民点面积之和，单位为人 / km²。

### 2.2.7　开发建设服务

开发建设服务是人类对土地开发利用的结果，属于完全的人工土地利用类型且开发利用强度很高，承载社会系统的经济、技术发展生态位。

本书在开发建设服务范围方面考虑了城镇用地、农村居民点、其他建设用地 3 种建设用地所属的二级土地利用类型。在估算可提供的潜在开发建设服务的大小时，单位面积土地可提供给人类的产品、服务等产业产值的经济价值（如单位面积城镇用地可提供的居民居住服务、基础建设完善程度及教育、医疗、休憩等第二产业和第三产业的产品产值的经济价值）要高于单位面积内农村居民点的经济价值。其他建设用地能提供的服务较单一，如交通运输或者工矿开采服务，经济价值较小。

开发建设服务的大小就是为人类提供的潜在的相对经济价值的大小，统一赋值：城镇建设用地赋值 8，农村建设用地赋值 4，其他建设用地赋值 2。

## 2.3 权衡与协同关系类型与量化方法

为具体分析各生态系统服务两两之间的权衡与协同关系，本书将 7 种生态系统服务分为两组服务：调节服务与供给服务。调节服务由防风固沙服务（实际土壤风蚀强度 $Q$、防风固沙量 SL、防风固沙率 SLV）与水源涵养服务（年际内平衡系数 $B$、水资源丰裕度 $A$、水源涵养 $W$）两种服务（6 种指标）组成；供给服务包含农业供给服务 $N$、牧业供给服务 $M$、林业供给服务 $L$、人口居住服务 $R$、开发建设服务 $K$ 共 5 种服务指标。

根据生态系统服务类型各自的统计数据分布特征来划分不同的等级，以便于定量分析和解释权衡与协同关系。

### 2.3.1　权衡与协同关系的量化分析原则

（1）将每种生态系统服务视为不同的独立变量，将每个变量视为整体，即统计量上的一个总体，总体呈现正态分布或通过变换成为正态分布。

（2）单个生态系统服务可划分成几个等级，称为单个生态系统服务的不同水平，每个水平也是不同的总体。

（3）生态系统服务间的权衡与协同关系不仅限于不同服务之间，也存在于各服务的不同水平之间。

（4）由于估算出的生态系统服务大小在时间—空间上是动态变化的，因此不同服务间的权衡与协同关系也会随之变化，变化包括关系的方向性及关系的远近程度。

（5）要基于原条件建立假设，并通过相关显著性检验来获得统计意义上的权衡或协同关系。若未通过显著性检验，说明不具有统计意义上的权衡或协同关系，可视为无关系。

### 2.3.2　权衡与协同关系类型

本书将生态系统服务的权衡与协同关系类型作为随机变量（或因变量）和控制变量（或自变量）之间的平行关系类型，可大致分为整体型权衡与协同关系、梯度水平型权衡与协同关系、无权衡与协同关系。

**1. 整体型权衡与协同关系**

（1）两个变量间整体型权衡与协同关系方向性：使用简单相关分析法进

行判断。一个随机变量对应一个控制变量，测度两个变量之间的正/负相关关系类型。相关系数为正，即促进的协同关系；相关系数为负，即抑制的权衡关系；相关系数为零，则无权衡或协同关系。

（2）两个变量间整体型权衡与协同关系大小：采用均方根误差（RMSE）分析法得出权衡或协同程度（在同方向性上的关系远近），一个随机变量对应一个控制变量，测度两个变量之间的权衡或协同作用的大小。

**2. 梯度水平型权衡与协同关系**

梯度水平型权衡与协同关系是指根据指定的典型自然要素的大小划分出梯度区间，在不同梯度区间内，随机变量样本与对应的控制变量样本之间呈现出权衡与协同关系。与整体型分析法相比，梯度水平型分析法能进一步了解梯度区间内可能出现的权衡或协同作用差异。梯度水平型分析法包括简单相关分析法和均方根误差分析法。

**3. 无权衡与协同关系**

无权衡与协同关系指不稳定的随机关系。在某个时间节点测度出的权衡与协同关系代表性偏弱，存在一定不确定性，基于长时间序列分析结果，可能出现促进/抑制关系随机变化或波动过大的情况，导致无法确切判断生态系统服务之间是权衡还是协同关系。

### 2.3.3　权衡与协同关系量化方法

**1. 简单相关分析法**

简单相关分析法度量两个变量之间的线性相关程度。计算公式如下：

$$r(X,Y) = \frac{\text{Cov}(X,Y)}{\sqrt{\text{Var}[X] \cdot \text{Var}[Y]}} \tag{2.17}$$

式中，$r$ 是简单相关系数；$\text{Cov}(X,Y)$ 为 $X$ 与 $Y$ 的协方差；$\text{Var}[X]$ 为 $X$ 的方差；$\text{Var}[Y]$ 为 $Y$ 的方差。

简单相关系数符号："正"代表两个生态系统服务间存在彼此促进的协同

关系,"负"代表两个生态系统服务间是相互抑制的权衡关系。

$r$ 相关性区间:无相关为 0,极弱正相关为(0,0.2),弱正相关为 [0.2,0.4),一般正相关为 [0.4,0.6),强正相关为 [0.6,0.8),极强正相关为 [0.8,1]。

**2. 均方根误差分析法**

均方根误差(RMSE)分析法也称估计标准误差,有限样本实际观测值与真值之间误差的平方和为分子,观测数为分母,取两者比值的平方根,具体衡量观测值与真值之间的误差。在定量分析权衡与协同作用时,以两种生态系统服务值替代实际观测值与真值,其均方根误差值越大代表权衡作用或协同作用越强,反之亦然。RMSE 的计算公式如下:

$$\text{RMSE} = \sqrt{\frac{\sum_{t=1}^{n} d_t^2}{n}} = \sqrt{\frac{\sum_{t=1}^{n}(a_t - b_t)^2}{n}} \tag{2.18}$$

式中,RMSE 是均方根误差;$n$ 为样本量;$t$ 为样本序号,代表实际观测值与真值之间的误差;$a$、$b$ 为两种生态系统服务。在本书中,RMSE 代表 $a$、$b$ 两种生态系统服务间权衡或协同作用的大小。RMSE 值越小,代表 $a$ 和 $b$ 间的权衡或协同作用越强;RMSE 值越大,代表 $a$ 和 $b$ 间的权衡或协同作用越弱。

## 2.4 研究框架

### 2.4.1 研究尺度、可持续管理目标与类型选取

选取西辽河平原区作为生态系统服务可持续管理案例地,探索和实践区域尺度的可持续管理体系的可行性。半干旱区的自然环境条件和中温带大陆性季风气候,决定了本研究区是农业向牧业过渡的农牧业交错区。自 1949 年以来,西辽河平原区经历了 4 次大规模的草原开垦,形成了当前耕地占比远高于草地的农牧二元格局。近 20 年来,社会经济快速发展,对耕地和草场的开发利用强度已达到最高限度,引发了农用地质量下降、草场生产力和草原植被多样性减少、地下水水位下降、土地沙化等生态环境问题。随着生态系统质量的下降,生态系统服务供应量也出现不同程度的减少。

区域生态系统服务可持续管理需要解决的问题：

（1）区域内哪些生态系统服务对人类生存、社会经济发展具有重要价值。

（2）区域生态系统服务多年演化趋势和空间分异如何。

（3）什么原因导致不同生态系统服务有不一致的变化趋势。

（4）在本区域内，采取何种管理模式可使生态系统和社会系统综合效益最优。

（5）本区域对未来社会系统如何落实空间分区管理，才能保证生态系统有序健康发展。

草地生态系统提供的主要调节服务：防风固沙服务，包括实际土壤风蚀强度、防风固沙量、防风固沙率；水源涵养服务，包括水资源丰裕度、年际内水资源平衡系数（简称"年际内平衡系数"）、水源涵养。

农田生态系统提供的主要供给服务：农业供给服务、牧业供给服务、林业供给服务、人口居住服务、开发建设服务。

### 2.4.2　生态系统服务权衡与协同关系演化识别

西辽河平原区的农田生态系统和草地生态系统交替分布，导致农牧业生产空间分布不均。因为农业用水条件不同，农田生态系统分灌溉农业和旱作农业，前者多分布于西辽河沿岸和灌区，后者多分布于固定沙丘及天然草地开垦区域。草地生态系统质量出现分异是多种因素共同作用的结果，包括变率较大的年降水量和年平均气温等大尺度气候环境的影响，以及分地区采取的退耕还草、草场围封、固牧、休牧、轮牧、禁牧等政策制度层面的生态保护工程的影响。人类社会系统所有农田和草地生态系统所进行和采取的生产活动和保护、恢复生态的措施，最终目标都是获取更多的福祉，即更多样的生态系统服务。

在西辽河平原区内，生态系统服务关系识别方法与关系类型如下。

（1）生态系统服务权衡与协同关系判断方法：简单相关性分析法。

（2）生态系统服务权衡与协同关系大小估算方法：均方根误差分析法。

（3）生态系统服务权衡与协同关系类型如下。

根据生态系统服务间抑制或促进关系划分：①权衡关系；②协同关系；③先权衡后协同关系；④先协同后权衡关系；⑤无权衡或协同关系。

根据不同生态系统服务间的关系划分：①调节服务间权衡与协同关系；②调节服务与供给服务间权衡与协同关系。

根据生态系统服务指标的不同梯度水平划分：①整体型生态系统服务权衡与协同关系；②梯度水平型生态系统服务权衡与协同关系。

（4）在判定西辽河平原区的梯度水平型关系时，将水源涵养适应性利用分区作为梯度水平区间。因为西辽河平原区的水资源条件差异明显，其中地下水资源作为区域主要影响因素，导致生态系统的生产力水平不同，引发的生态系统服务间的抑制或促进的程度也不尽相同。梯度水平型权衡与协同关系相比于整体型权衡与协同关系要更加详细和接近事实。

### 2.4.3　分区管理政策落实与调控

要实现西辽河平原区的生态系统服务的可持续管理，首要任务是划分分区。首先，在梯度水平型权衡与协同关系识别与趋势分析的基础上，以水资源适应性分区范围内的乡镇苏木行政区为基本单元进行差异化管理。其次，分区制定政策并落实，在制定不同管理政策时，要考虑和平衡生态系统服务间的关系。对于水资源非常不适应区的供给服务与调节服务间的权衡关系，做出生态补偿、转移支付和实施生态工程等对策，并将恢复调节服务作为第一目标；在水资源不适应区内，充分利用协同关系增加调节服务的效益，对于存在的权衡关系分区，采取（尽可能）供给服务效益让位给调节服务效益的管理政策；在水资源适应区内，充分利用协同关系增加多样性生态系统服务的效益，对于存在的权衡关系分区，采取调节服务效益优于供给服务效益的管理政策；在水资源非常适应区内，权衡与协同关系能引发的效益波动较小，调节服务与供给服务均有很高的效益，可制定多样性服务效益最高的管理政策。最后，基于生态工程、生态补偿等落实后的政策成果，适时进行监测、评估和反馈，并根据上述管理措施及时调整未来的可持续管理对策。

## 2.5 生态系统服务可持续管理理论构建

### 2.5.1 内涵

生态系统服务可持续管理源于生态系统管理。

生态系统管理：1995 年，美国生态学会将生态系统管理定义为：有明确且可持续管理的目标，由政策和实际行动来维持生态系统组成、结构和功能，在农业区、牧区常住居民生态系统间相互作用的基础上从事研究与监管，促进和调整生态系统管理的适合性[60]。

自 20 世纪 80 年代早期开始，生态学、社会学和经济学相关学者开始重点关注被破坏的自然资源，以及生态系统多样性下降、自然生态环境恶化等引发的可持续生态问题，意识到提出决策性的生态系统管理原理的必要性[61]。此后，生态系统管理在保持人类生产力的同时，重点将保护生态系统多样性作为泛化可持续的核心理念，形成了后来生态系统服务管理的雏形。

生态系统服务管理：20 世纪 90 年代末，狭义可持续内涵被提出，即生态系统服务的管理理论[62]被提出。在千年生态系统评估中，通过对全球主要生态系统类型所提供的生态系统服务进行摸底评估，了解到可持续管理的生态系统服务基础。在此阶段内，生态系统服务管理的核心内容，完成了从"对生态系统服务本身进行清算和方法研究"到"研究生态系统服务彼此间潜在或实际存在的抑制或促进关系（权衡或协同关系）"的转变。

生态系统服务可持续管理：在生态系统管理总体框架内，有针对性地提出以生态系统服务为载体，以实现人类福祉可持续为目标，从生态系统服务关系演变机制着手，进行具有实践性的可持续管理。生态系统供给侧和社会系统需求侧并重，保证两者能持续平衡为其最重要的核心理念。

在将生态系统服务作为可持续的研究主体进行管理的观点中，生态系统服务可持续管理是指将生态系统服务作为人类福祉载体，在代际内、代际间、物种间公平分配，从而实现可持续目标的管理过程，即管理主体对主导生态系统服务进行识别评估，揭示多重关系演化趋势，厘清影响因素、机制，并有针对性地管控、政策结果落实可持续管理。

### 2.5.2　整体理论框架

生态系统服务可持续管理整体理论框架如图 2-5-1 所示。

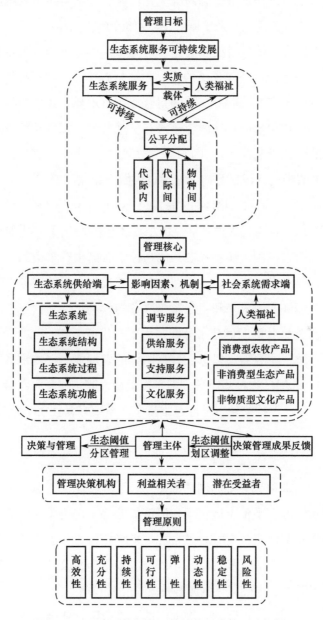

图2-5-1　生态系统服务可持续管理整体理论框架

### 2.5.3　目标

（1）完善生态系统的监管体系：要充分认清生态系统内在产生不同生态系统服务的潜在机理，了解生态系统变化可能引起的各生态系统服务的连锁效应，预测并发现关键生态系统服务供给可能出现的短缺。

（2）根据社会经济、科技发展进程，调整人类福祉与生态系统服务的关系和内涵：生态系统服务是狭义的人类福祉的载体，人类福祉的实质是由更多种和更多量的生态系统服务支撑的集合。在学术界，人类福祉与生态系统服务的确切定义和包含的具体内容还未有广泛共识。随着对可持续发展和生态系统管理的研究不断深入，人们对人类福祉与生态系统服务的关系与内涵有了更新、更清晰的认识，可持续管理也要做出相应的调整。

（3）代际内、代际间和物种间的资源公平分配是可持续管理的前提：①人类福祉总量不仅包括当代人类社会总需求，还包括留给下一代的使其能够享有同样美好生活的福利，还要考虑其他物种享有的生存繁衍的权利；②人类福祉包含社会经济发展成果、多样性生态系统及生态系统服务；③每个人都具有平等分享经济发展成果和生态系统服务的权利，要在代际内公平分配人类福祉；④要保证代际间的公平分配，为下一代留下与当代社会水平相当的人类福祉和自然资本存量，以保证其有同样的发展能力（特别是维持多样性的生态系统）；⑤保证物种间公平分配自然资源，其本身就是维持可持续发展的一项重要环节，保护物种多样性与维持生态系统多样性密不可分。

### 2.5.4　核心内容

（1）可持续管理最关键的制约因素——不可替代的资源短板：传统意义上的可利用水资源、平整土地资源和清洁能源等是较为常见的制约性较强的资源；制约性一般的资源有林草地资源、矿产资源、生物多样性资源、地热资源和农业气候资源等；制约性较小的资源包括历史文化资源、民族文化资源、社会经济资源、人类文化资源和传统文化资源等。

（2）保证代际内、代际间、物种间的公平分配，需要对强制约性因素划分红线（生态阈值）。生态阈值划分的重要性顺序：物种间＞代际内＞代际间；生态阈值的排序为物种间＜物种间、代际内＜物种间、代际内、代际间。

（3）保证各生态阈值区间内的生态系统结构、过程和功能的完整性是可持续管理的重点。在追求更高的综合效益时，尽可能将负效应减到最小。监管与调控要赋予权力保障，以及在法律和制度上的可执行依据。

### 2.5.5　主体与原则

#### 1. 主体

维持生态系统本身良性发展的生态系统服务在无外部性扰动时即可保持可持续状态。但对于社会系统发展所必需的生态系统供给服务，需要人类在生产、生活、生态方面（作为生态系统的外部性扰动）进行调控管理。从生产型活动出发的管理主体是直接利益相关者，如农业、牧业、林业、工业和服务业的直接从业者。生活型活动和生产型活动的管理主体是间接受益者，如非直接从业者、区域内的居民和外部性生态产品获益者。生态型活动和生产型活动的管理主体是管理决策机构、直接主导生态环境保护与开发导向的职能部门。

#### 2. 原则

（1）高效性：高效利用生态系统服务间的协同作用，以达到保持生态系统服务多样性、经济和生态的综合效益最大化的目标；

（2）充分性：关于生态系统服务的内在作用机理和潜在服务类型的认知正随着研究的深入而逐步加深，但还未充分了解到生态系统服务间是否存在生态阈值或从量变到质变的红线，管理研究的进一步目标是充分掌握服务间彼此影响的机理；

（3）持续性：生态系统服务管理的最后落脚点是服务的可持续性，指从代际内至代际间甚至物种间可连续获得生态系统服务的能力，这是可持续管理的难点；

（4）可行性：在追求最大化生态系统服务综合效益时，要尽量避免不必要的权衡作用，尽可能地增加协同作用，在生态系统服务可持续管理中进行可行性分析是较为关键的；

（5）弹性：自然生态系统主导社会系统可获得的生态系统服务量，当自然环境发生剧烈变化时，则需要社会系统做出具有弹性的调整来缓冲可能引发的生态系统服务量的变化；

（6）动态性：自然生态系统同社会系统一样，是发展变化的循环系统，在不同的时间节点，服务量不一定相等，是在相互影响和转化中保持动态性的，在进行相应的可持续管理时，要充分考虑管理的动态性；

（7）稳定性：生态系统服务可持续管理面临的首要问题是管理的尺度，随着尺度的增加，生态系统的稳定性特征愈加明显，在小尺度上进行可持续管理时，需要有针对性地了解服务关系的非稳定性，以及可引起的影响的范围与大小；

（8）风险性：影响因素的多样性决定了生态系统服务可持续管理需要实时调控并进行风险性评估，从而制定可靠的管理政策。

### 2.5.6 途径

（1）自然生态资源的粗放利用转向可持续利用。可再生资源的开发利用强度限于再生能力范围内，从而维持可持续生产能力，如水资源、森林资源、草地资源的开发利用应在可承载能力之内。不可再生资源的开发利用应着重提高利用效率及加强回收循环利用，并寻找可替代资源。如石化能源的开采利用不可持续，则以太阳能、风能、核能、生物质能、水力能、地热能和氢能等清洁（可替代）能源作为可持续的能源供给。稀缺不可再生自然资源的特殊性决定了对于稀缺资源，要完善统一监管体制，加强资格认证许可管理，保障合理利用、优化配置及严控过度开采，完善有偿使用、恢复补偿机制，加强和调整储备能力、结构和布局。

（2）完善和落实自然资源资产产权制度。对自然资产（如土地资源、水资源、森林资源、草地资源、湿地资源、矿产资源、能源）赋予一定的生态系统服务内涵，对于自然资源资产，增加产权意识、施行监管清算、落实责任制度，保证自然资源集约有序利用，避免浪费和排放污染。

（3）生态红线制度性可持续管理。包括生态系统制度性可持续管理、水资源制度性可持续管理[63]、土地资源制度性可持续管理。

（4）提升现有生态环境管理相关法律和管理制度与社会经济发展、公共管理体系的匹配程度。立法部门和管理部门在制定法律法规、管控生态环境治理方面，执行权力与依据相对落后于市场经济发展进程，缺乏明确的行政管理主体和可落实的具体规范制度，不能有效落实公共管理体系对生态系统权益的保障职能和监管责任[64]。生态环境保护与治理的有关法律与管理制度体系应进一步完善，使得生态系统管理主体能做到有据可查、有法可依，保护防治有措施，相关责任能落实，生态环境公共产品供给可持续。

（5）为实现公平分配，由潜在受益者异地转移支付，由收益较多的利益相关者给予相应生态补偿[65]。以调节、供给、支持、文化等服务为基础，保证人类福祉的多样性（其所具备的经济价值也不相等）。利益相关者和潜在受益者的区别在于，前者利用本区域生态系统服务换取直接经济价值，后者则通过本区域或异地的潜在生态系统服务获得间接收益，即间接经济价值。

# 第3章
## 生态系统服务时空演变

2000 年至 2015 年，西辽河平原区 7 种生态系统服务 11 个指标的空间分异具有增强趋势、减弱趋势、无显著变化和无明显趋势等特征。其中，2 种调节服务的 6 个指标在年际变化、服务内部结构变化、服务转化等方面有显著差异。此外，由 5 种供给服务构成的服务簇的面积比重与空间分布有较大差异。

## 3.1 生态系统服务时空演变

将西辽河平原区中 7 种生态系统服务的 11 个指标按照多年时空演变特征，划分为增强趋势特征、减弱趋势特征、无显著变化特征和无明显趋势特征四大类。增强趋势的服务指标包括实际土壤风蚀强度、牧业供给服务、人口居住服务，减弱趋势的服务指标包括水源涵养、水资源丰裕度、防风固沙量，无显著变化的服务指标包括防风固沙率、农业供给服务、林业供给服务、开发建设服务，无明显趋势的服务指标为年际内（水资源）平衡系数。

### 3.1.1 增强趋势特征服务

**1. 2000 年至 2015 年实际土壤风蚀强度时空演变特征**

各级实际土壤风蚀强度在时间序列上呈现约 5 年为一个周期的变化特征，2014 年与 2015 年与以往年份差异较大，最终综合划分为 4 个阶段。第一阶段：2000 年至 2005 年；第二阶段：2006 年至 2010 年；第三阶段：2011 年至 2013 年；第四阶段：2014 年至 2015 年。实际土壤风蚀强度空间分布如图 3-1-1 ～图 3-1-3 所示。

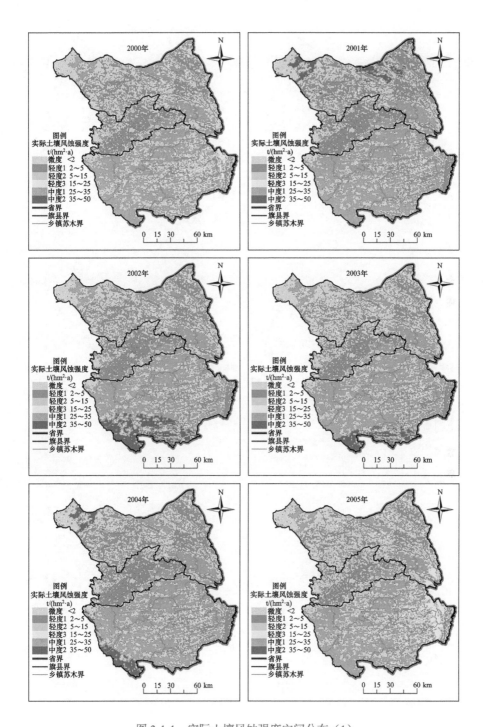

图 3-1-1　实际土壤风蚀强度空间分布（1）

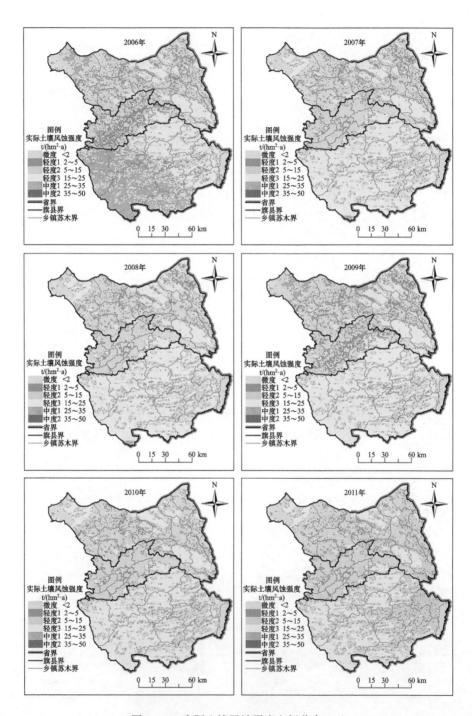

图 3-1-2　实际土壤风蚀强度空间分布（2）

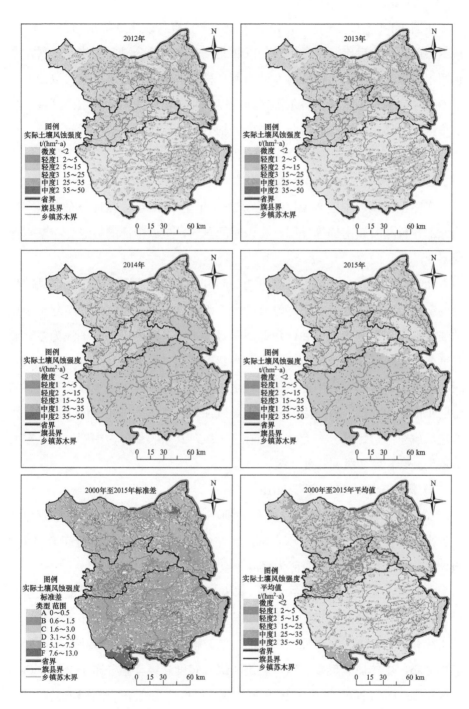

图 3-1-3　实际土壤风蚀强度空间分布（含标准差分布和平均值分布）

在图 3-1-1 ～图 3-1-3 中，由北向南的旗县级行政区划依次为科左中旗、科尔沁区、科左后旗。科左中旗：以西北—东南为轴分科左中旗东、科左中旗西，以东北—西南为轴分科左中旗南、科左中旗北；科尔沁区：以西北—东南为轴分科尔沁区东、科尔沁区西，以东北—西南为轴分科尔沁区南、科尔沁区北；科左后旗：以西北—东南为轴分科左后旗东、科左后旗西，以东北—西南为轴分科左后旗南、科左后旗北。

1）第一阶段：2000 年至 2005 年

实际土壤风蚀中度 2 级仅出现在 2001 年至 2004 年，并且分布在科左中旗北部、科左后旗南部等外围。在该时间段内，全域中部的各级分布基本保持未变。

在 2000 年和 2005 年（本阶段初始年和末期年），各级实际土壤风蚀强度的空间分布基本保持一致，没有中度 2 级；科左中旗西北角的实际土壤风蚀强度最小，东部边缘区和西南部属于轻度 1 级，其余以中度 1 级为主，而轻度 2 级和轻度 3 级极松散地分布在各级交界处；科尔沁区北微度和轻度 1 级相间分布，科尔沁区南的主体是轻度 1 级，小部分的中度 1 级分布在科尔沁区东南和西北部；科左后旗实际土壤风蚀强度整体由东往西依次递增，在科左后旗东南边缘区分布有狭长的轻度 1 级，其余大部分为中度 1 级，东南部零星夹杂轻度 2 级和轻度 3 级。

2）第二阶段：2006 年至 2010 年

2006 年，实际土壤风蚀强度从大到小：科左后旗西部和科左中旗西北角处出现中度 1 级，科左后旗东部、科左中旗东南和中部靠背分布有轻度 3 级，科尔沁区及科左中旗西部为轻度 1 级和微度相间分布。

2007 年至 2010 年，科左中旗、科左后旗的实际土壤风蚀强度各级空间分布基本一致，科左中旗的微度主要分布于西部，轻度 3 级分布于东部，轻度 1 级和轻度 2 级分散在轻度 3 级的边缘。科左后旗东部边缘狭长区有微度集中分布，主体属于轻度 3 级，轻度 1 级和轻度 2 级零星分布于全域。科尔沁区在 2007 年、2008 年和 2010 年基本属于微度，东南角有小面积轻度 3 级。2009 年，科尔沁区主体变为微度和轻度 1 级相间分布，东南角有小面积轻度

3 级未变化。

从全域实际土壤风蚀强度空间变化来看，实际土壤风蚀强度整体趋缓，有所减弱，由大到小为 2006 年 >2009 年 >2007 年 >2008 年 >2010 年。

3）第三阶段：2011 年至 2013 年

科左中旗东南角处和科左后旗在本阶段初始年（2011 年）的实际土壤风蚀强度较第二阶段末期有所缓解，但在阶段内却逐年加剧。实际土壤风蚀强度由大到小为 2011 年 >2012 年 >2013 年。

科尔沁区和科左中旗除东南角外，实际土壤风蚀强度空间分布整体上与第二阶段末期保持一致。

4）第四阶段：2014 年至 2015 年

在 4 个阶段中，本阶段是实际土壤风蚀强度发生条件有明显改善的阶段。科左后旗及科左中旗东南角，在 2014 年全部变为轻度 2 级；2015 年仅科左后旗东北部和科左中旗东南角从轻度 2 级变为轻度 3 级，其余仍为轻度 1 级。科尔沁区和科左中旗除东南角外，实际土壤风蚀强度空间分布整体上与上一阶段末期保持一致。

实际土壤风蚀强度改善程度由大到小为科左后旗 > 科左中旗 > 科尔沁区。科左后旗的改善程度最大，但仍受到较大风蚀威胁；科左中旗在第一阶段好于科左后旗，在第二阶段及之后阶段基本维持现状，空间分布变化很小；科尔沁区改善的历程与科左中旗较一致，不同点在于，科尔沁区范围内基本均匀分布一种实际土壤风蚀强度（级别），只有东南角除外。

实际土壤风蚀强度标准差分布显示，标准差总体由南向北依次递减，科尔沁区与科左中旗土壤风蚀环境变化较小，相比之下，科左后旗土壤风蚀环境持续改善效果较显著。标准差 F 分布在科左后旗南部与科左中旗东北中部，离散程度最高，是由实际土壤风蚀强度在长时间序列中持续降低导致的。标准差 E 分布在科左后旗大部分区域和科左中旗东南、中东及西北小区域，离散程度仅次于标准差 F，大致在沙地与草地叠加区域，说明草地植被覆盖逐渐增加，地表植被条件已得到显著改善。标准差 C 和标准差 D 的分布呈现小斑块且松散的特点。标准差 A 与标准差 B 的分布范围与耕地高度重合，离散程度最小，说明农业生产方式变化较小、相对稳定，在科左中旗中西部和东部中间地带、科尔沁区的较大部分和科左后旗的东部边缘呈南北带状分布，标准差 A 大面积连片分布，标准差 B 规则地分布于标准差 A 所分布区域的内部及边缘处。

实际土壤风蚀强度平均值分布表明，在经过多年平均后，土壤风蚀环境呈现明显的以行政区分异的特点，强度依次递减，即科左后旗 > 科左中旗 > 科尔沁区。除了科左后旗南部边缘和科左中旗北部小区域属于中度 1 级，其他区域均介于轻度和微度级别，可判断土壤沙化趋势处于初期和中早期阶段。

### 2. 2000 年至 2015 年牧业供给服务时空演变特征

牧业供给服务是指西辽河平原区草地生态系统为人类社会系统提供重要的畜牧产品的能力，是牧业产业可持续发展的生态系统基础。此外，农田生态系统也以青贮玉米和粮食玉米的农副产品形式为畜牧业提供部分的牧业饲草支持，因此在牧业供给服务估算中也会考虑耕地。为实现不同乡镇苏木行政单元及内部的牧业供给服务的空间分异表达，用 NDVI 像元值与行政单元内 NDVI 平均值之比代表行政单元内生态系统的产草水平，使用实际存栏羊（单位）头数除以草地和耕地面积之和来代表行政单元内由草地和耕地实际承载的畜牧密度，将前后两组数据相乘得出行政单元内部分异后的牧业供给服务。牧业供给服务空间分布如图 3-1-4 ～图 3-1-6 所示。

在牧业供给服务空间分布中，农业供给服务高值所对应的科尔沁区中部和科左后旗东部耕地处出现空白区，是实际畜牧密度过小所致；2000 年至 2003 年，牧业供给服务整体保持平稳，除在 2000 年科左中旗的西北部处于绝对低值外，科左中旗和科左后旗基本介于 1000 ～ 5000 单位，科尔沁区则介于 1000 ～ 50000 单位；2004 年至 2009 年，科尔沁区牧业供给服务无明显变化，科左后旗东部的牧业供给服务小幅增加，科左中旗牧业供给服务显著增加；2010 年至 2013 年，牧业供给服务与第二阶段相比，科尔沁区略有下降，科左中旗退至第二阶段初期水平，科左后旗自西向东逐步增加并维持现状；2014 年至 2015 年，科尔沁区的牧业供给服务仍维持不变，科左中旗服务值有一定增加，科左后旗全域的服务值达到较高水平，介于 10000 ～ 100000 单位。

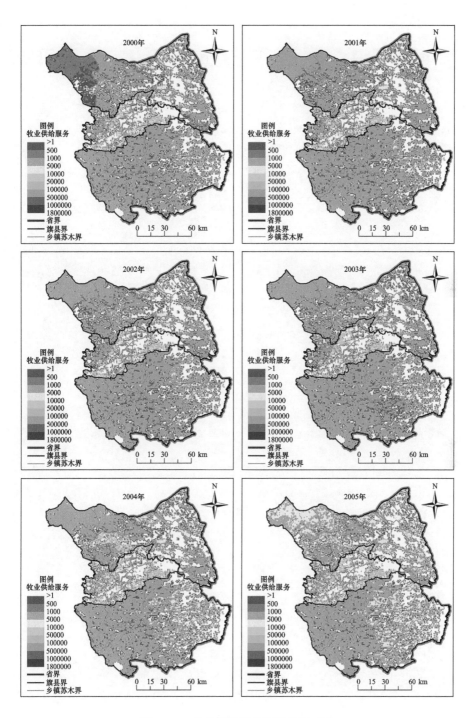

图 3-1-4 牧业供给服务空间分布（1）

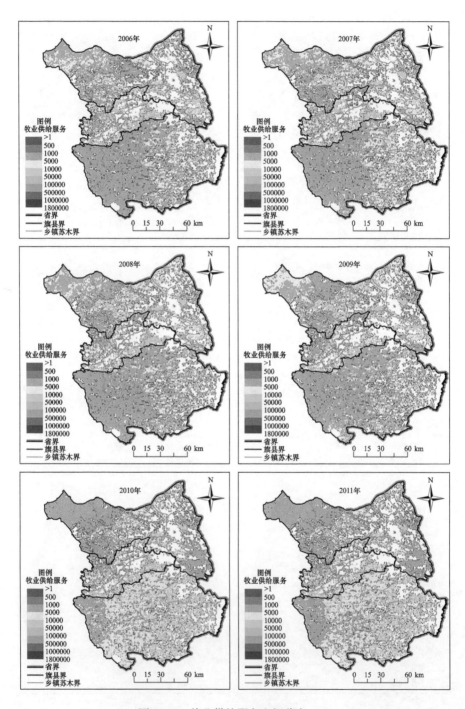

图 3-1-5　牧业供给服务空间分布（2）

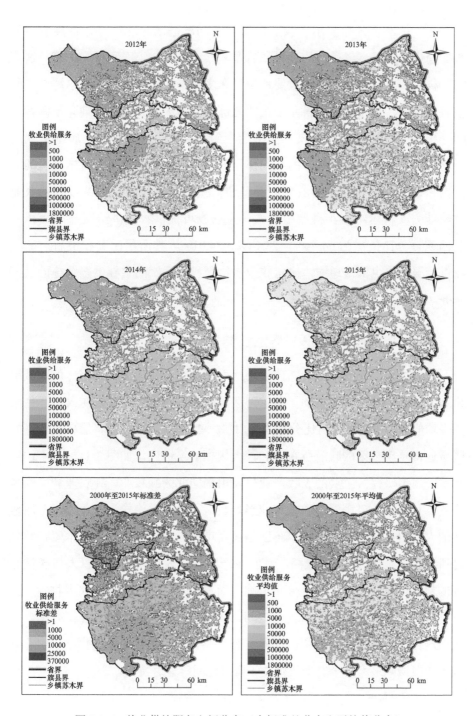

图 3-1-6 牧业供给服务空间分布（含标准差分布和平均值分布）

多年标准差分布显示，牧业供给服务的离散南高北低，并且离散多为增加趋势，增幅贡献最大的是科左后旗，其次是科尔沁区和科左中旗，这奠定了科左后旗在牧业产业的重要地位。在多年平均值分布中，科尔沁区与科左后旗东部区是高值区，科左中旗西北部是低值区，其他地区则介于两者之间；科左中旗初期增加的牧业供给能力到后期减少，而科左后旗早中期的低值到后期陡然增加，两者的共同作用导致平均值差距较小。科尔沁区的大范围耕地始终保持稳定的农副产品产量，使科尔沁区得以保持较高的牧业供给能力；科尔沁区、科左中旗、科左后旗可提供牧业供给服务的面积占总面积百分比依次为 64.64%、78.14%、84.01%，其面积比重和中后期的牧业供给服务值也依次递增，决定牧业供给是科左后旗的主导生态系统的供给服务。

### 3. 2000 年至 2015 年人口居住服务时空演变特征

人口居住服务的范围会随建设用地面积的扩大而增加，其服务值随城镇化和人口流动的变化而波动。科尔沁区、科左中旗、科左后旗在人口居住服务平均值分布中的面积占比分别为 30.11%、16.60%、16.26%，服务值较高的区域通常是旗县区的政府所在地和较大规模的乡镇区，如图 3-1-7～图 3-1-9 所示。因本研究区主要的农牧产业格局由南向北为纯牧业、纯农业和半农半牧业，其所在人口密度受农牧产业影响较大。科左后旗作为牧业旗，草原地区的人口居住服务值低。科尔沁区是通辽市政府所在区（原哲里木盟行政公署所在地），城市化程度较高，其农业产区农村人口稠密，所以人口居住服务的最高值分布于此，并且分布范围大而集中。科左中旗是半农半牧旗，人口密度介于农业与牧业人口密度之间，其供给服务值与范围也介于其中。在人口居住服务标准差分布中，同样具有牧业旗人口居住服务变化小，农业县区的离散增幅最大，半农半牧旗介于两者之间等显著特征。

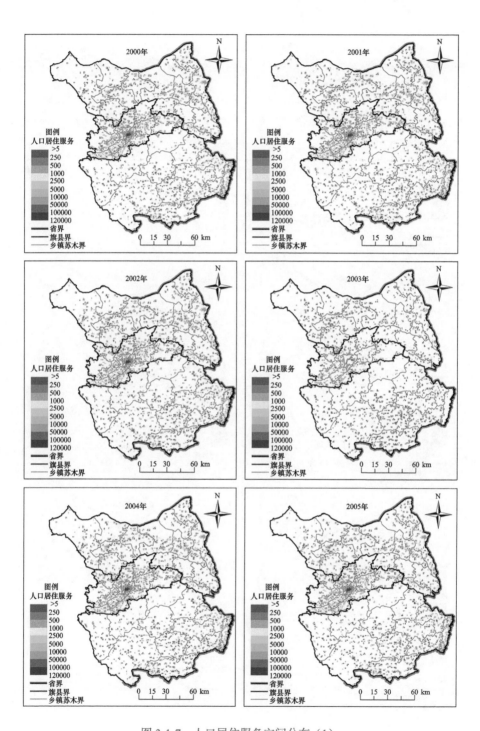

图 3-1-7　人口居住服务空间分布（1）

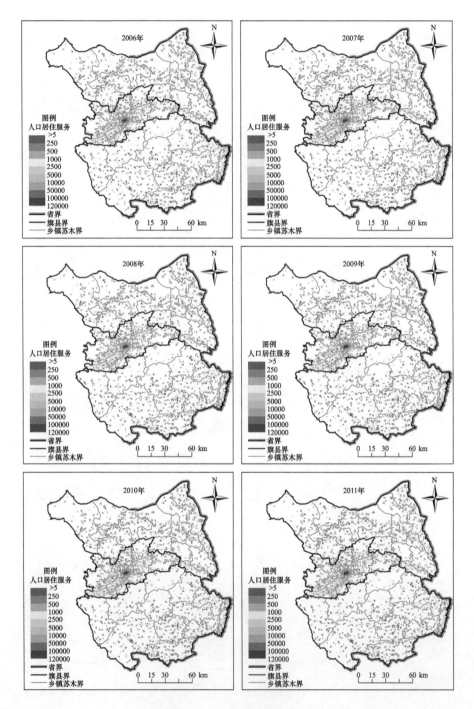

图 3-1-8  人口居住服务空间分布（2）

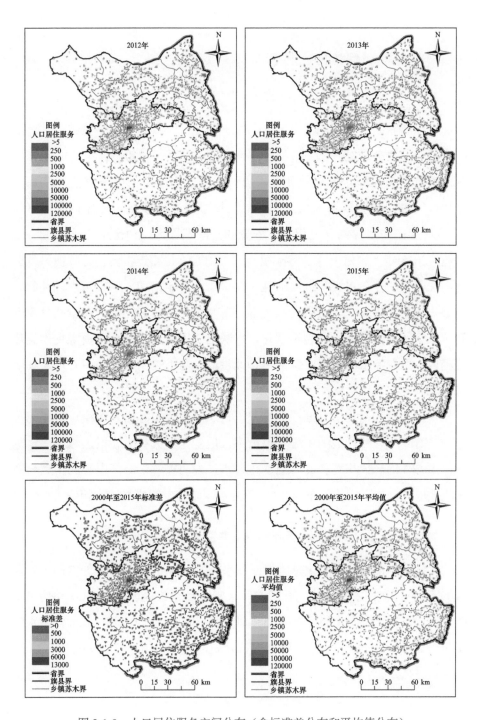

图 3-1-9　人口居住服务空间分布（含标准差分布和平均值分布）

### 3.1.2　减弱趋势特征服务

**1. 2000 年至 2013 年水源涵养时空演变特征**

水源涵养的分值间隔为 0.2 分，总区间为 0.2 ～ 10 分，分值越高，对应的水源涵养服务越高，如图 3-1-10 ～图 3-1-12 所示：2000 年至 2013 年，水源涵养分值整体减小的趋势明显，以科尔沁区为中心的区域分值下降速度最快，以科左后旗东部区域为中心的区域下降速度较快，并保持分值下降至 2007 年；在水源涵养分值小于 5 分的空间范围内，两个中心连接成一个整体，2013 年，分值下降趋势减缓，两个中心不再相连，但仍是分值最低区域，说明长期存在水资源过度消耗、用水压力逐年增加，导致水资源补给缺口进一步扩大等问题。在研究区南部与东北部，分值始终保持在较高分值区间，仅空间范围有扩大和缩小变化，反映出此区域用水量在水资源良性循环范围内，可保障水源涵养服务的可持续供应，与上述两个下降中心形成鲜明对比。

在标准差和平均值方面：标准差以科尔沁区为中心向外等值环形相间分布，并有减小趋势，说明中心分值虽小，但变化较大且对临近区域有一定影响；中心外围分值相对较高，但变化较小，说明离科尔沁区中心的距离与影响程度成反比。平均值分布与 2005 年的水源涵养空间格局较为相似。

**2. 2000 年至 2014 年水资源丰裕度时空演变特征**

水资源丰裕度时空演化总体特征：水资源丰裕度 A1 ～ A4 的空间分异在 2009 年前保持相对稳定，2009 年之后水资源量非常缺乏，A5 出现并快速扩张。因此，将水资源丰裕度空间分布划分两个阶段：2000 年至 2008 年为水资源量稳定期；2009 年至 2014 年为局部水资源量加速减少期，如图 3-1-13 ～图 3-1-15 所示。

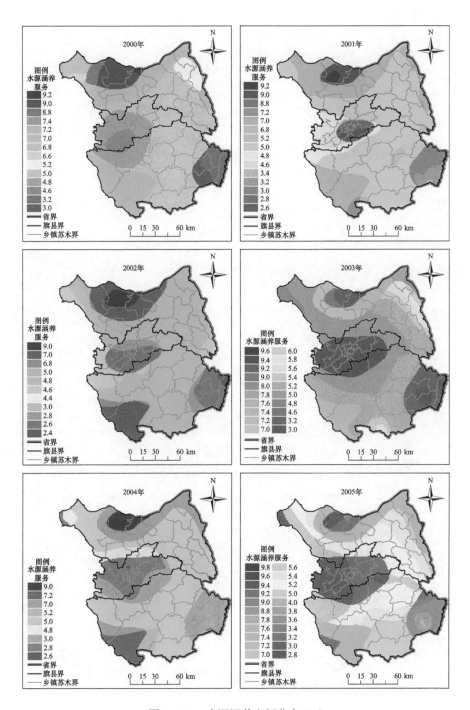

图 3-1-10 水源涵养空间分布（1）

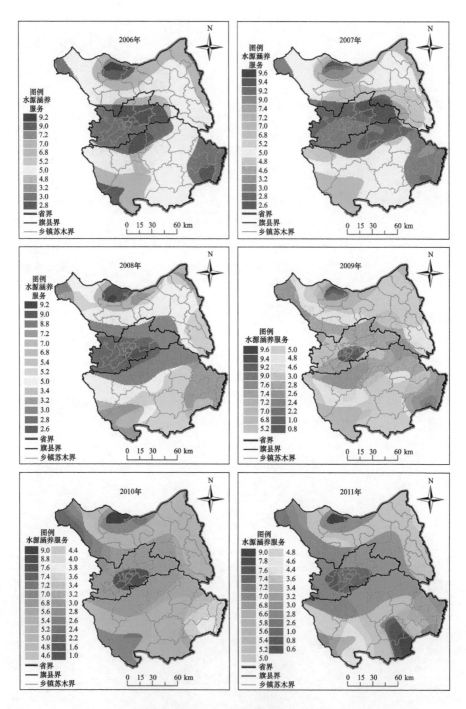

图 3-1-11　水源涵养空间分布（2）

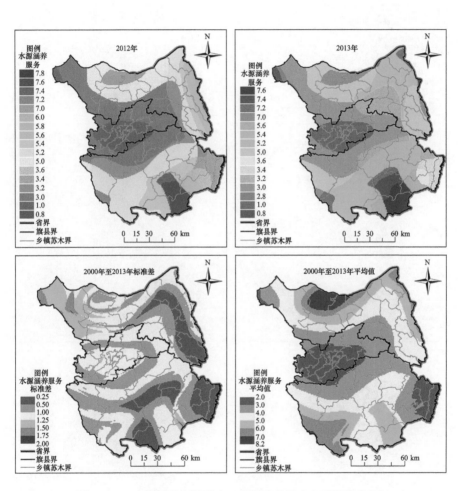

图 3-1-12　水源涵养空间分布（含标准差分布和平均值分布）

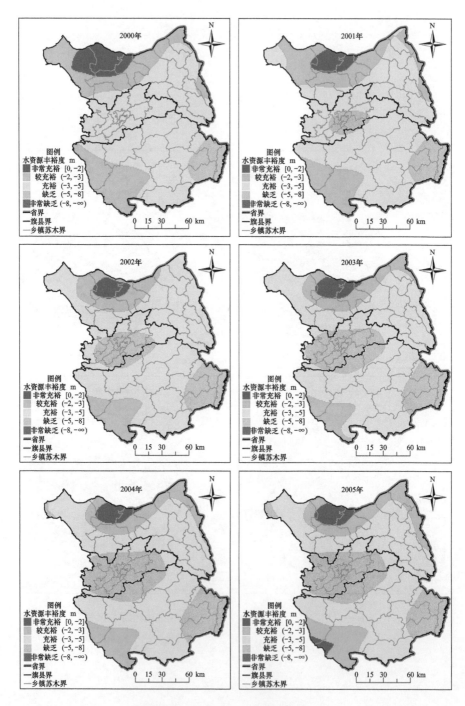

图 3-1-13　水资源丰裕度空间分布（1）

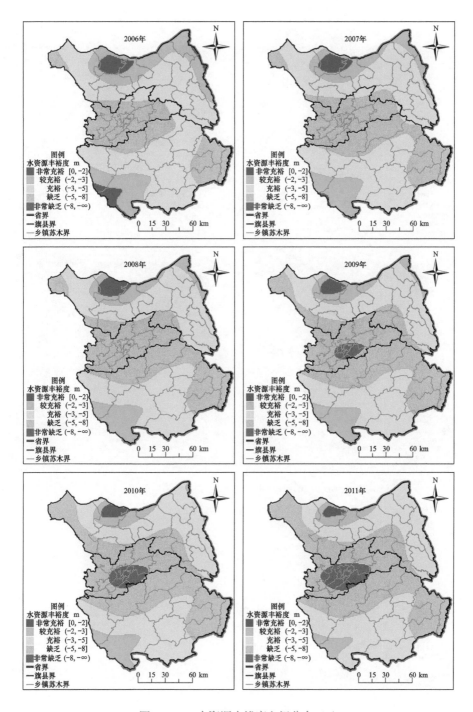

图 3-1-14 水资源丰裕度空间分布（2）

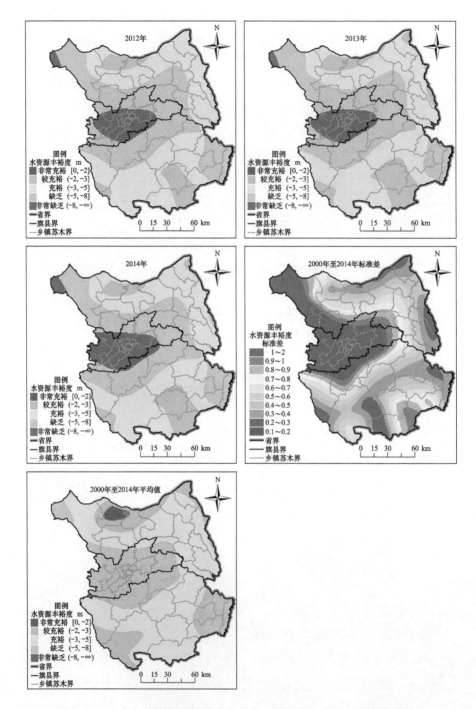

图 3-1-15 各级水资源丰裕度空间分布（含标准差分布和平均值分布）

2000 年至 2008 年是水资源量稳定期：2000 年，A1 集中分布在科左中旗西北部较大范围内；A2 分布于科左后旗西南部，以及科左中旗西部、中北部和东部边缘区，面积大于 A1；A3 作为主体部分，分布在研究区中部大部分区域；A4 仅分布在科左后旗东部区域。水资源丰裕度级别整体排序为科左中旗＞科尔沁区＞科左后旗。2001 年至 2008 年，A1 和 A2 在 2000 年的基础上外围缩小；2002 年至 2006 年，原有的科左后旗东部 A4 未发生较大变化，但科尔沁区中部近三分之一的面积缺乏 A4，并以科尔沁区中部为中心向外逐步扩张，至 2007 年、2008 年，与科左后旗东部 A4 区域连接成片，并几乎覆盖全科尔沁区；随着 A4 的扩大，A3 范围一再缩小。

2009 年至 2014 年是局部水资源量加速减少期：2009 年至 2011 年，A1 和 A2 面积缓慢缩小。2012 年至 2014 年，A1 面积已消失，A2 范围保持稳定；与之相反，A5 首次出现在 2000 年 A4 出现的区位，并且范围快速扩大。与此同时，科尔沁区范围内的 A4 始终保持扩张趋势，但扩张速度远不及 A5，而位于科左后旗东部的 A4 范围正在缩小。

水资源丰裕度标准差分布显示，离散程度较大区域集中于科尔沁区和科左中旗西部，在 A4 和 A5 扩张范围内；在科左后旗东南角离散浮动最小，与 A3 范围大致重合。

水资源丰裕度平均值分布基本与 2004 年的水资源丰裕度空间分布相同。

### 3. 2000 年至 2015 年防风固沙量时空演变特征

根据防风固沙量来划分防风固沙服务的重要程度，如图 3-1-16 ～图 3-1-18 所示。防风固沙服务重要程度的空间分异显著，整体呈现南部低、北部高的特征，根据北部服务重要程度变化划分 4 个阶段，与土壤风蚀强度空间分异划分时间段一致。

第一阶段，2000 年至 2005 年，北部非常重要防风固沙服务阶段。本阶段未发生变化的区域包括一般重要防风固沙服务的科左后旗的东北部和西部、科左中旗东南部和中部偏东及西角处东北向西南方向的两条线状区域、科尔沁区东南部的三角形区域，无防风固沙服务主要分布在科左后旗和科左

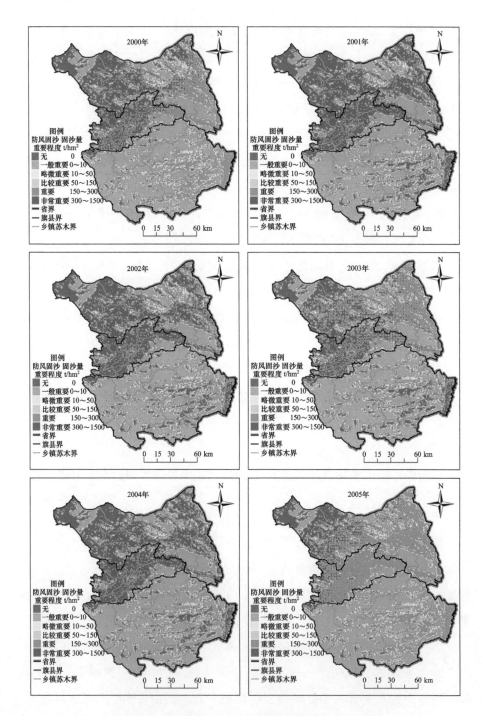

图 3-1-16 防风固沙量及服务重要程度空间分布（1）

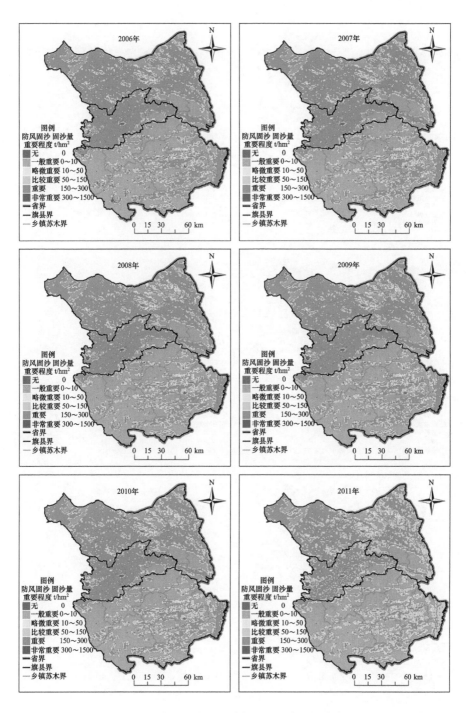

图 3-1-17　防风固沙量及服务重要程度空间分布（2）

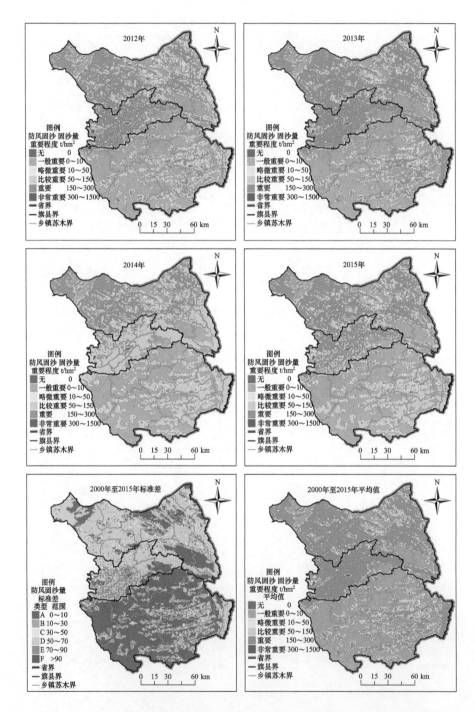

图 3-1-18　防风固沙量及服务重要程度空间分布（含标准差分布和平均值分布）

中旗政府所在的甘旗卡镇和保康镇、科尔沁区主城区及其他较大规模的乡镇苏木政府驻地；北部区域所指科左中旗和科尔沁区行政区中除去上述未发生变化区域后的范围，也泛指包括科左后旗境内东部靠南处东西向的间隔条带、东部南北向的长条区域，其中的防风固沙服务空间分异较大且频繁；2000 年，北部区（泛指包括科左后旗的小部分区域，简称"北部区"），以东北—西南为轴，西侧为非常重要防风固沙服务，东侧为重要防风固沙服务。在 2001 年、2002 年和 2004 年这 3 年，防风固沙服务空间分布基本保持一致，北部区以非常重要防风固沙服务为主，边缘区离散分布有重要防风固沙服务。2003 年与上述 3 年相比，不同之处在于科左中旗东部区域以重要防风固沙服务取代了原有的非常重要防风固沙服务。2005 年作为本阶段末年，北部区只有西北部还保持着非常重要防风固沙服务，其余区域转变为重要防风固沙服务。

第二阶段，2006 年至 2010 年，北部重要防风固沙服务阶段。在此阶段的 5 年中，北部区以重要防风固沙服务为主体，未发生太多变动。而在上一阶段未发生变化的区域中，科左中旗中部偏东的一般重要防风固沙服务区域，在本阶段的前 2 年未变化，在后 3 年范围扩大了些，并且边缘区转变为略微和比较重要防风固沙服务，无防风固沙服务区外围部分也从其他服务转为无防风固沙服务，新增了一些零星分布的无防风固沙服务斑点区。

第三阶段，2011 年至 2013 年，北部重要防风固沙服务中比较重要防风固沙服务斑块化阶段。北部区为变化区域，剩余的无防风固沙服务区和一般重要防风固沙服务区则为非变化区；2011 年和 2012 年，北部区变化的显著特征为重要防风固沙服务不再是主导，比较重要防风固沙服务以斑块形式逐渐增加，均匀分布于原有重要防风固沙服务分布范围内；2013 年，在北部区内，比较重要防风固沙服务斑块状扩大分布的情况发生逆转，重回重要防风固沙服务占较大比重的状态。

第四阶段，2014 年至 2015 年，北部比较重要防风固沙服务阶段。2014 年，仍然是北部区发生变化，与以往不同的是，科尔沁区北部边界线沿线，即以东北—西南为轴分南北两侧，呈现南侧全部为比较重要防风固沙服务、北侧主体为重要防风固沙服务、离散分布比较重要防风固沙服务的格局。

2015 年，仅将北部区空间分布与 2014 年相比，可将科尔沁区北部边界线沿线轴移动至科尔沁区南部边界沿线，其南北两侧情况如同 2014 年的分布情况。北部区以外地区未发生明显变化。

防风固沙量时空演化总体特征：研究区北半部的防风固沙量保持在较高范围，但防风固沙量出现一定程度的下降，相应区域与耕地范围基本吻合。研究区南半部的防风固沙量始终稳定在较低范围，与沙地和草地的土地利用类型范围高度一致。多年间，科左后旗的防风固沙重要性程度未有太大变化，始终属于一般重要程度，仅东部边缘南北带状区域和中东部横向交替的部分区域重要程度有所下滑，从初期的非常重要逐渐降至重要和比较重要。早期科左中旗与科尔沁区防风固沙量主要保持非常重要级别，自 2006 年开始，其防风固沙量下降至重要级别且保持较长年限，但科尔沁区的东南角、科左中旗东南部、科左后旗中东部和西北部作为特殊区域，16 年间的防风固沙量一直保持一般重要程度，未有增加或减少趋势。

2000 年至 2015 年防风固沙量标准差：离散程度排序为科左后旗＜科左中旗＜科尔沁区。标准差 A 的离散可忽略不计，占总面积的 40.13%，主要集中于研究区南半部及中东部。标准差 D 的离散程度较大，分布于研究区北部及东南角的南北带状区，占总面积的 33.80%。其他标准差分布较松散，总体上零星分布于标准差 A 与标准差 D 的边缘处，占总面积的 26.07%。

2000 年至 2015 年防风固沙量平均值：科左后旗行政区北部界线为南北分区，防风固沙量两极分化的特征显著，集中成片分布。南部区为最低防风固沙量的一般重要程度区，北部区则是较高防风固沙量的重要程度区。

### 3.1.3　无显著变化特征服务

#### 1. 2000 年至 2015 年防风固沙率时空演变特征

防风固沙服务由防风固沙量与防风固沙率（见图 3-1-19 ～图 3-1-21）指标构成，两者的时空分异具有明显差异。2000 年至 2015 年，6 种防风固沙率空间分布基本一致，在长时间序列上没有可划分阶段的较大变化特征，但防风固沙率有南低北高的特点，在南北分区中，北部区域与防风固沙量中所指的北部区一致；最高防风固沙率分布于北部区域，其是防风固沙服务的"高地"，也是服务的主体组成部分。科左后旗东部南北条带状区域和东部东西向间隔线性区、科左中旗和科尔沁区北部区以外的大部分区域提供的防风固沙服务最强，也最为持久。极低防风固沙率分布在南部区，是防风固沙服务的"洼地"，是仅次于最高防风固沙率的服务主体，其分布在科左后旗、科左中旗东南部和中部偏东北部及科尔沁区东南部。其所提供的防风固沙服务最弱，也最难改善；防风固沙量介于极低和最高之间的中等、较高、极高分布于沿着极低和最高交界的缓冲区域内，是整体上零散、局部上相间的分布模式。

防风固沙率平均值空间分布与年际防风固沙率空间分布相同。与防风固沙量变化截然不同的是，各级防风固沙率空间分布固定，从防风固沙率上无法分析出防风固沙服务改善与恶化的趋势和程度，需要与防风固沙量相结合，才能更全面、更深入地了解防风固沙服务的变化。

### 2. 2000 年至 2015 年农业供给服务时空演变特征

2000 年至 2015 年，研究区内 3 个旗县区所提供的农业供给服务范围变化幅度小，供给质量的空间分布结构也较稳定，如图 3-1-22 ～图 3-1-24 所示。

3 个旗县区多年平均的农业供给服务面积比重和供给质量由大到小是科尔沁区 > 科左中旗 > 科左后旗。科尔沁区总面积的 89.01% 可提供农业产品，农业供给服务具备 3500 ～ 15100 单位的中高档供给能力。科尔沁区的较高农产品供给能力均衡分布于西辽河的河漫滩周边，主城区及东南边缘和西侧中部有 3 处农业供给空白区域。科左中旗总面积的 79.12% 可提供农业产品，生产能力分异较大，介于 1000 ～ 15100 单位，涵盖中低至最高档；科左中旗的西北部无农业供给能力，东南部和中北部的农产品供给能力最低。科左后旗的农业供给服务最少，仅为总面积的 57.10%，近多半集中于东半部地区，农产品生产能力自西向东逐渐提升。标准差空间分布显示，16 年间，全域大部分农业供给服务年际变化较小，整体保持稳定的农产品供给能力。在科左中旗西北部、东北部和科左后旗东部呈小斑块分散分布。

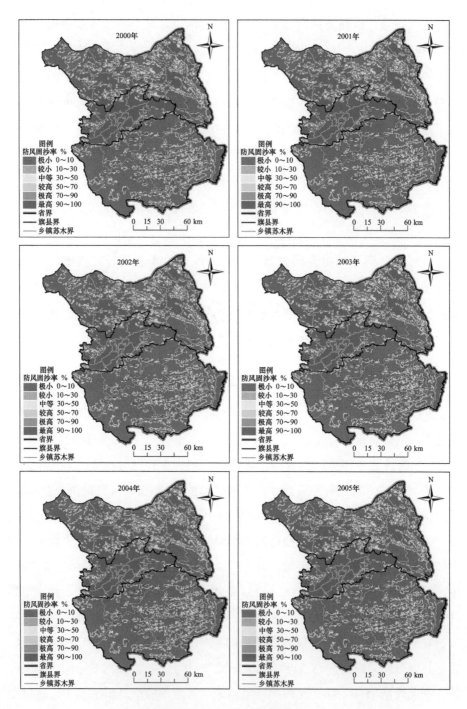

图 3-1-19　防风固沙率空间分布（1）

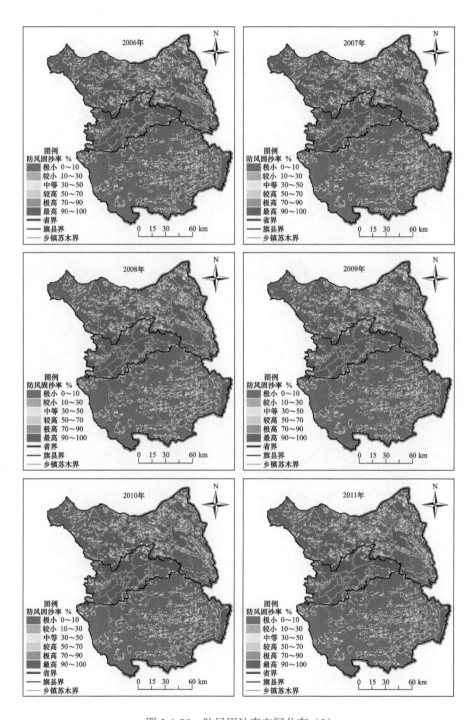

图 3-1-20　防风固沙率空间分布（2）

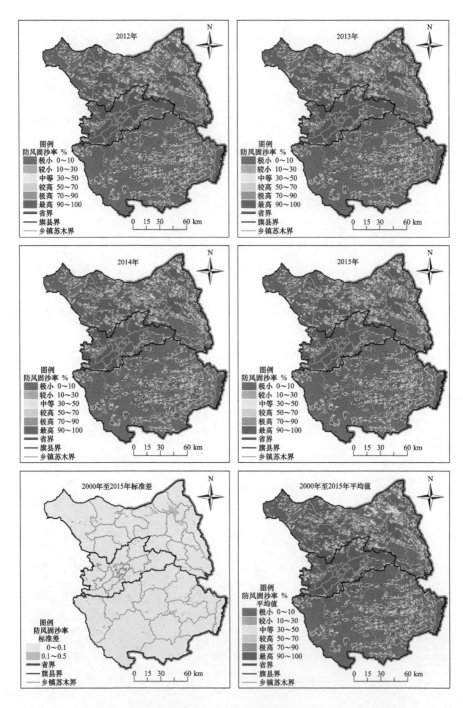

图 3-1-21　防风固沙率空间分布（含标准差分布和平均值分布）

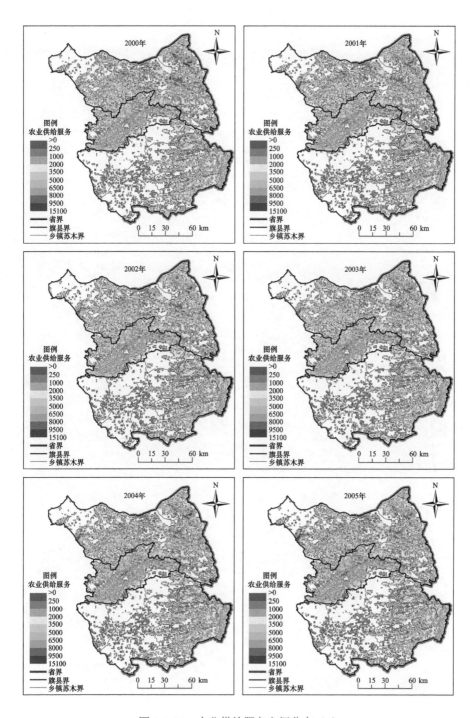

图 3-1-22　农业供给服务空间分布（1）

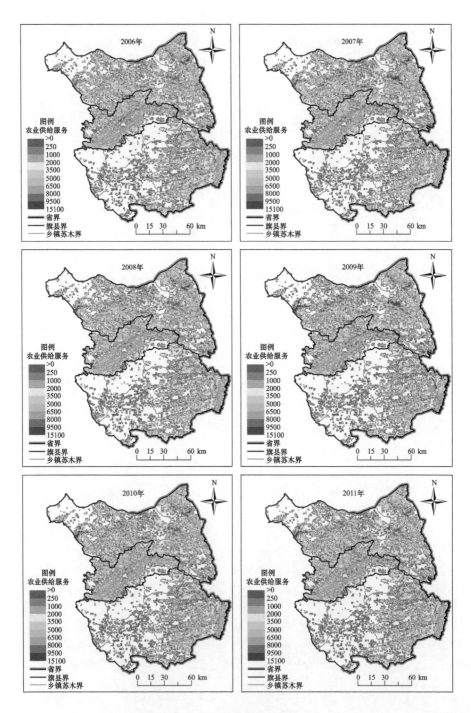

图 3-1-23 农业供给服务空间分布（2）

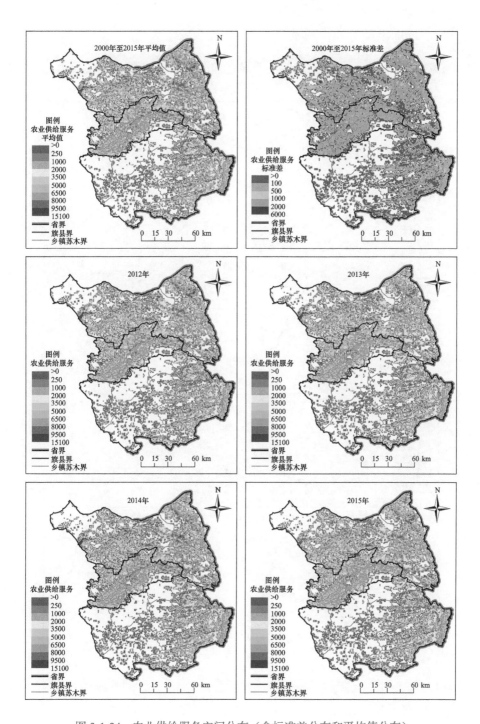

图 3-1-24 农业供给服务空间分布（含标准差分布和平均值分布）

### 3．2000 年至 2015 年林业供给服务时空演变特征

林业供给服务时空演变趋势不明显，如图 3-1-25 ～图 3-1-27 所示。

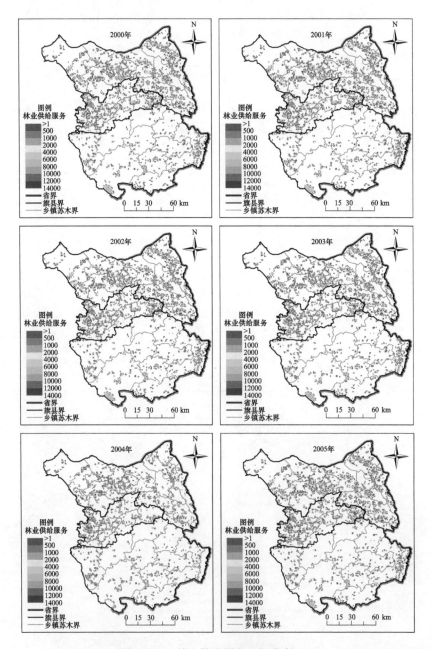

图 3-1-25  林业供给服务空间分布（1）

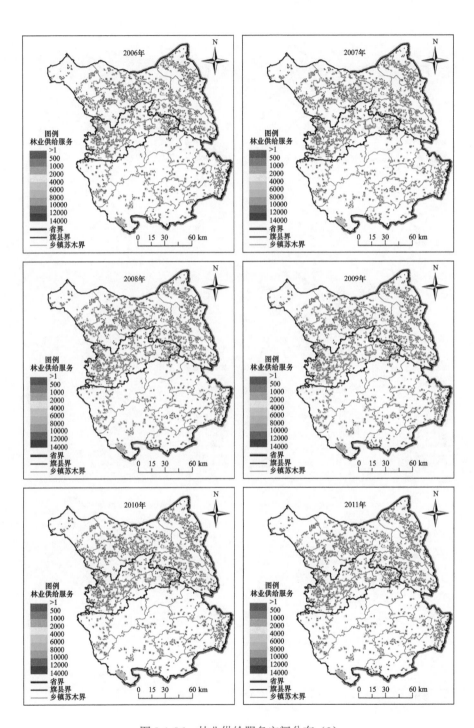

图 3-1-26　林业供给服务空间分布（2）

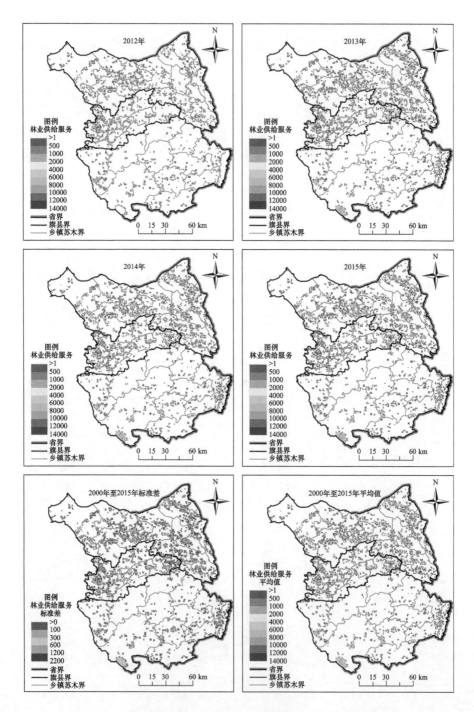

图 3-1-27　林业供给服务空间分布（含标准差分布和平均值分布）

西辽河平原区森林生态系统占比很小,科尔沁区、科左中旗、科左后旗林业供给服务的比重分别为 27.17%、25.89%、11.90%,整体呈小斑块状分散分布于各行政区内。其中,较集中且面积最大的林业供给服务区域为科左后旗西南角的大青沟国家自然保护区,也是科尔沁沙地南缘半固定山丘中具有完整森林生态系统的林业供给服务的"高地",与其他林业供给服务能力较低的小斑块形成鲜明对比;2000 年至 2015 年的标准差分布显示,林地斑块面积与标准差分布成正比。

### 4. 2000 年至 2015 年开发建设服务时空演变特征

研究区内较小的人口基数和稳定的人口流动,使得在 16 年间的城市化进程中,城镇开发建设用地的扩张速度明显小于农村建设用地的扩张速度,如图 3-1-28 所示。在开发建设服务的多年标准差空间分布中,标准差小于 10 的是新增农村建设用地的扩张范围,标准差大于 10 的是农村建设用地或其他用地转成城镇建设用地的范围,前者显著多于后者且离散分布较均匀。开发建设服务在各行政区中的面积比重与人口居住服务的面积比重相同,其在科尔沁区的面积比重为 31.57%,在科左中旗和科左后旗的面积比重非常接近,分别是 16.95% 和 16.28%。

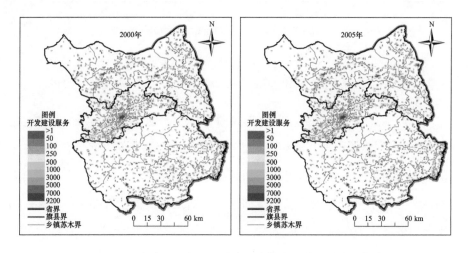

图 3-1-28 开发建设服务空间分布(含标准差分布和平均值分布)

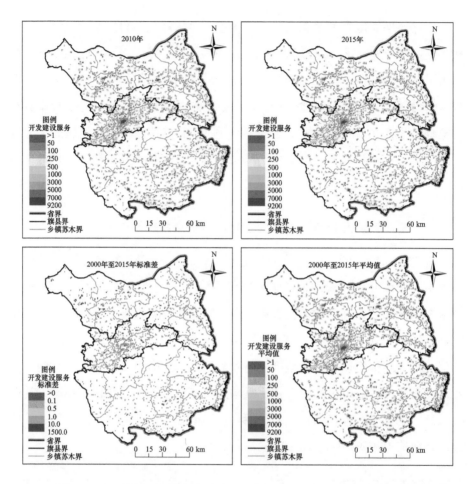

图 3-1-28　开发建设服务空间分布（含标准差分布和平均值分布）（续）

### 3.1.4　无明显趋势特征服务

年际内水资源平衡系数空间分布如图 3-1-29 ～图 3-1-31 所示，科尔沁区境内水资源除 2005 年外其他年份均处于小幅至中等幅度的失衡状态；科左中旗由东向西所面临的多年水资源失衡问题严峻程度逐步增加；科左后旗自东南向西北方向水资源失衡程度逐步加大，早期处于失衡状态的年份较多，后期水资源多保持平衡状态；总体水资源平衡程度较好的年份为 2003 年、2005年、2010 年、2012 年和 2013 年。

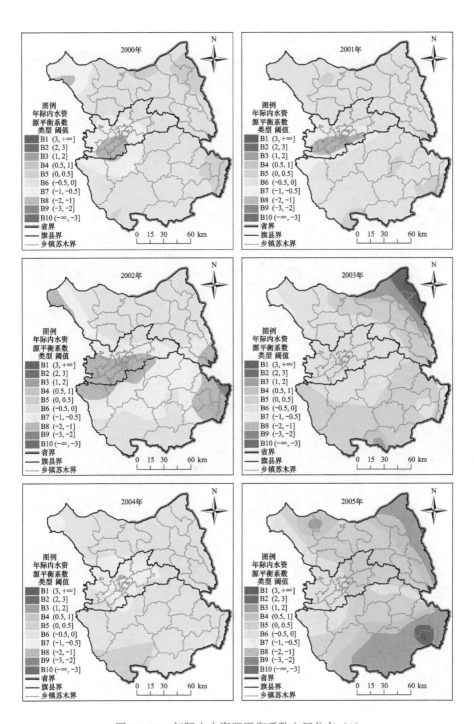

图 3-1-29　年际内水资源平衡系数空间分布（1）

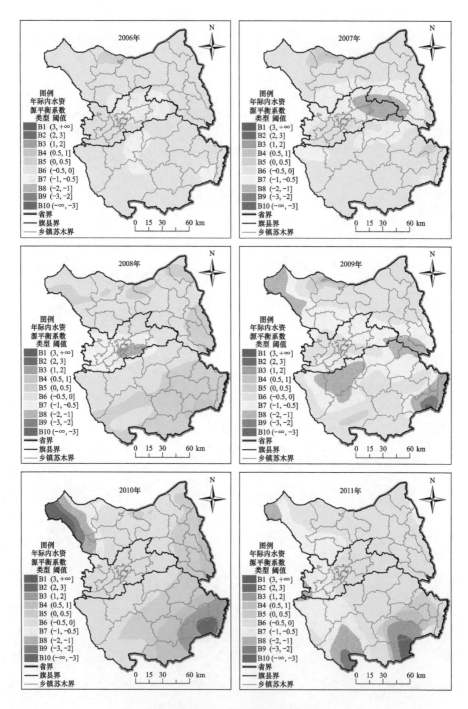

图 3-1-30　年际内水资源平衡系数空间分布（2）

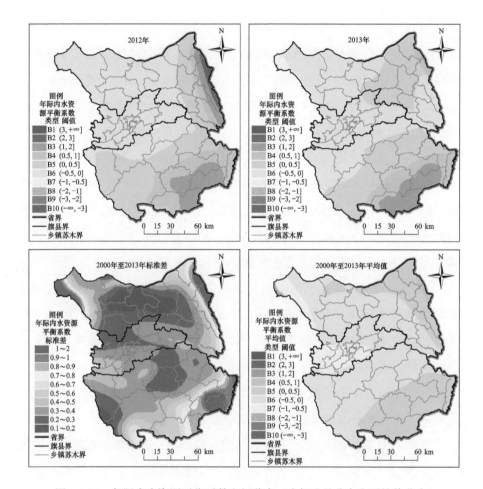

图 3-1-31　年际内水资源平衡系数空间分布（含标准差分布和平均值分布）

2000 年至 2002 年，科尔沁区中部出现小面积 B8，并以东西方向带状扩展，其外围的 B7 也以环状扩大范围，B6 占据其他主要区域，B5 在研究区东侧边缘分布（直至消失）。此阶段，以科尔沁区中心为圆心，出现水资源失衡加重且范围进一步增加的情况。2003 年，仅科尔沁区中部和西北部处于水资源小幅失衡状态，其余部分均处于较大幅度的失衡状态，其中东北角水资源失衡幅度最大。2004 年，科尔沁区大部分处于 B7 状态，其他区域处于 B6 小幅失衡状态，仅科左后旗西南角除外，处于 B5 小幅平衡状态。2005 年作为水资源平衡状态最好的年份，仅在研究区西部、西北沿边缘及中东细条状区域内为 B6 小幅失衡。B3、B4 和 B5 依次由东向西环状分布。

2006 年，绝大部分区域水资源处于 B6 状态，科尔沁区东半部及科左后旗中西部处于 B7 状态，B5 仅在科左中旗北部边缘的小区域内分布。2007 年，在 2006 年基础上，科尔沁区东部与科左中旗交界区域出现中等失衡的 B8，其外围由 B7 包围。2008 年，B4、B5、B6、B7 自东向西以半圆形递减分布，科尔沁区的中南部水资源有 B8 中等失衡状态。2009 年，科左后旗东部、科左中旗西北部和科尔沁区沿界线外水资源（呈环状）以 B7 和 B8 为主，其内部和外部以 B6 为主。2010 年，由东南向西北，B1 至 B10 依次排列，水资源由较好平衡状态向较大程度失衡状态转变。2011 年，东南区水资源处于较好平衡状态，由东北向西南的水资源失衡程度向重方向转变。

2012 年，研究区东部西南向西北方向依次从 B1 至 B6 递减。2013 年基本年际内水资源平衡系数分布与 2012 年相似，仅东北部平衡系数级别有所下降。2012 年与 2013 年水资源处于小幅、中等平衡状态的区域与小幅失衡状态的区域各占一半，总体平衡状态较好。

年际内水资源平衡系数标准差分布结果显示，离散程度较大的区域是研究区东南、东北和西北边缘处的条带状区域。

年际内水资源平衡系数的多年平均值最高值 B5 分布在东南和东北边缘区，水资源处于平衡状态。最低值 B7 的分布范围是科尔沁区西半部，处于水资源中等失衡状态。B6 分布在剩余区域内，水资源处于小幅失衡状态。

## 3.2 调节服务年际变化

### 3.2.1 水源涵养服务呈现逐年减弱特征

#### 1. 2000 年至 2014 年水资源丰裕度年际变化

如第 2 章所述，将地下水埋深划分 A1 ~ A5 共 5 类水资源丰裕度，分别为非常充裕、较充裕、充裕、缺乏、非常缺乏，在本书中代表水资源量递减。西辽河平原区水资源丰裕度面积比重年际变化如图 3-2-1 所示。

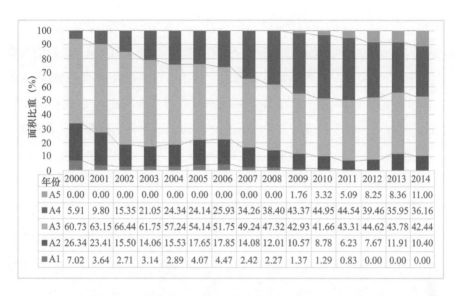

图 3-2-1   西辽河平原区水资源丰裕度面积比重年际变化

A1（地下水埋深为 0～2m）内易发生内涝、沼泽化和盐渍化，其 2000 年面积比重仅为 7.02%，之后从不足 5% 逐步变为 0%。A2（地下水埋深为 2～3m）主要适合草本植物的生长，也具备发生土壤盐渍化的条件，其面积比重从约四分之一减至约十分之一，呈现缓慢下降趋势。A3（地下水埋深为 3～5m）的面积比重从 60.75% 显著下降至 42.44%，但始终是最大比重，表明其主导地位正被削弱。与此对应，A4（地下水埋深为 5～8m）的面积比重从最初的 5.91% 逐步增加至后期的 36.16%，显现出取代 A3 的趋势，说明水资源丰裕度整体下滑。A5（地下水埋深大于 8m）在 2009 年出现，后期面积比重超过十分之一，说明局部水资源量锐减且影响范围逐步扩大，过渡用水造成生态用水被"侵占"，地下水自然补给困难，水源涵养服务受到不可逆转的影响。

2014 年各级水资源丰裕度面积比重及来自 2000 年的比例如图 3-2-2 所示。2014 年的水资源丰裕度面积比重为 A3>A4>A5>A2>A1（无）。A2 约占十分之一，其中 2.04% 来自 2000 年的 A1，2.10% 是 2000 年的 A2 的保留，6.26% 来自 2000 年的 A3。A3 面积比重超过 40%，其中 3.95% 和 16.09% 分别来自 2000 年的 A1 和 A2，20.76% 来自 2000 年的自身保留，仅 1.64% 来自 2000 年的 A4。A4 的面积比重大于三分之一，除 2000 年自身保留的 4.27%外，来源均为 2000 年（更高水资源丰裕度）的 A1、A2、A3，A3 作为最大贡献者，占 23.65%。A5 的面积比重也约为十分之一，来源几乎都是 2000 年的 A3。2014 年的水资源丰裕度与 2000 年的水资源丰裕度相比，A3 的损失面积最大，表明保障生态系统基本用水需求的区域面积缩小且水资源量显著减少。

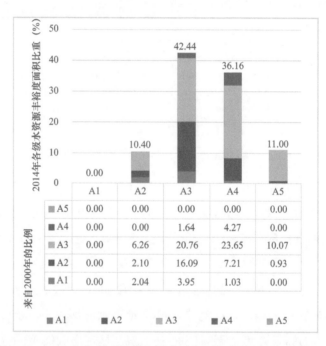

图 3-2-2　2014 年各级水资源丰裕度面积比重及来自 2000 年的比例

**2. 2000 年至 2013 年年际内水资源平衡系数年际变化**

将年际内水资源平衡系数划分为 10 个（B1 ～ B10）级别，依次代表水资源在年际内保持最好平衡水平至最大失衡水平，其中 B5(0, 0.5] 代表最小的平衡程度，B6(-0.5, 0] 代表最小的失衡程度。各类年际内水资源平衡系数面积比重年际变化如图 3-2-3 所示。

总体分析，B10 ～ B7 面积比重之和小于 10% 的仅有 2003 年、2005 年、2012 年和 2013 年 4 年，说明在其余年份，水资源有较大幅度的失衡。B6 面积比重除在 2005 年小于五分之一外，在其他年份为 45.42% ～ 85.22%，近半数以上处于水资源小幅失衡状态。B5 面积比重在 2003 年、2005 年大于41%，在 2008 年、2010 年、2012 年、2013 年大于五分之一，说明每隔一两年，小幅度的水资源平衡面积有所增加。B4、B3、B2 面积比重之和超过 10% 的年份有 2005 年、2010 年、2012 年、2013 年，与 B5 面积比重较大的年份基本重叠，代表在上述年份，超过十分之一的区域出现大幅度的水资源平衡状态。

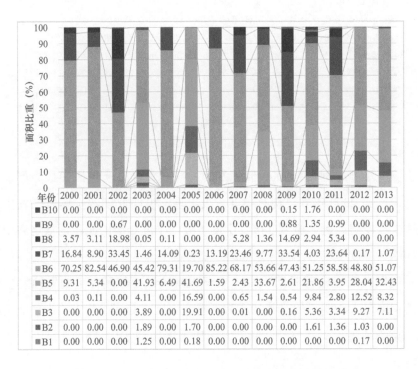

| 年份 | 2000 | 2001 | 2002 | 2003 | 2004 | 2005 | 2006 | 2007 | 2008 | 2009 | 2010 | 2011 | 2012 | 2013 |
|---|---|---|---|---|---|---|---|---|---|---|---|---|---|---|
| ■ B10 | 0.00 | 0.00 | 0.00 | 0.00 | 0.00 | 0.00 | 0.00 | 0.00 | 0.00 | 0.15 | 1.76 | 0.00 | 0.00 | 0.00 |
| ■ B9 | 0.00 | 0.00 | 0.67 | 0.00 | 0.00 | 0.00 | 0.00 | 0.00 | 0.00 | 0.88 | 1.35 | 0.99 | 0.00 | 0.00 |
| ■ B8 | 3.57 | 3.11 | 18.98 | 0.05 | 0.11 | 0.00 | 0.00 | 5.28 | 1.36 | 14.69 | 2.94 | 5.34 | 0.00 | 0.00 |
| ■ B7 | 16.84 | 8.90 | 33.45 | 1.46 | 14.09 | 0.23 | 13.19 | 23.46 | 9.77 | 33.54 | 4.03 | 23.64 | 0.17 | 1.07 |
| ■ B6 | 70.25 | 82.54 | 46.90 | 45.42 | 79.31 | 19.70 | 85.22 | 68.17 | 53.66 | 47.43 | 51.25 | 58.58 | 48.80 | 51.07 |
| ■ B5 | 9.31 | 5.34 | 0.00 | 41.93 | 6.49 | 41.69 | 1.59 | 2.43 | 33.67 | 2.61 | 21.86 | 3.95 | 28.04 | 32.43 |
| ■ B4 | 0.03 | 0.11 | 0.00 | 4.11 | 0.00 | 16.59 | 0.00 | 0.65 | 1.54 | 0.54 | 9.84 | 2.80 | 12.52 | 8.32 |
| ■ B3 | 0.00 | 0.00 | 0.00 | 3.89 | 0.00 | 19.91 | 0.00 | 0.01 | 0.00 | 0.16 | 5.36 | 3.34 | 9.27 | 7.11 |
| ■ B2 | 0.00 | 0.00 | 0.00 | 1.89 | 0.00 | 1.70 | 0.00 | 0.00 | 0.00 | 0.00 | 1.61 | 1.36 | 1.03 | 0.00 |
| ■ B1 | 0.00 | 0.00 | 0.00 | 1.25 | 0.00 | 0.18 | 0.00 | 0.00 | 0.00 | 0.00 | 0.00 | 0.00 | 0.17 | 0.00 |

图 3-2-3　各类年际内水资源平衡系数面积比重年际变化

## 3.2.2　防风固沙服务呈现较高值减弱特征

### 1. 2000 年至 2015 年实际土壤风蚀强度年际变化

2000 年至 2015 年实际土壤风蚀强度面积比重年际变化如图 3-2-4 所示。

16 年间，微度和轻度 1 级共占 40% ～ 50%，剩余 50% ～ 60% 逐步以轻度 2 级为主体。

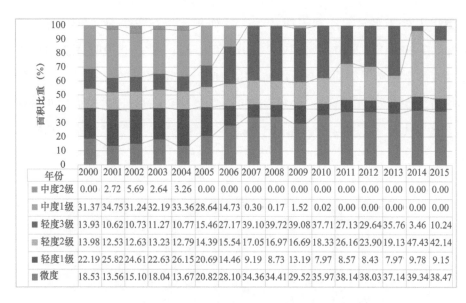

| 年份 | 2000 | 2001 | 2002 | 2003 | 2004 | 2005 | 2006 | 2007 | 2008 | 2009 | 2010 | 2011 | 2012 | 2013 | 2014 | 2015 |
|---|---|---|---|---|---|---|---|---|---|---|---|---|---|---|---|---|
| ■ 中度2级 | 0.00 | 2.72 | 5.69 | 2.64 | 3.26 | 0.00 | 0.00 | 0.00 | 0.00 | 0.00 | 0.00 | 0.00 | 0.00 | 0.00 | 0.00 | 0.00 |
| ■ 中度1级 | 31.37 | 34.75 | 31.24 | 32.19 | 33.36 | 28.64 | 14.73 | 0.30 | 0.17 | 1.52 | 0.02 | 0.00 | 0.00 | 0.00 | 0.00 | 0.00 |
| ■ 轻度3级 | 13.93 | 10.62 | 10.73 | 11.27 | 10.77 | 15.46 | 27.17 | 39.10 | 39.72 | 39.08 | 37.71 | 27.13 | 29.64 | 35.76 | 3.46 | 10.24 |
| ■ 轻度2级 | 13.98 | 12.53 | 12.63 | 13.23 | 12.79 | 14.39 | 15.54 | 17.05 | 16.97 | 16.69 | 18.33 | 26.16 | 23.90 | 19.13 | 47.43 | 42.14 |
| ■ 轻度1级 | 22.19 | 25.82 | 24.61 | 22.63 | 26.15 | 20.69 | 14.46 | 9.19 | 8.73 | 13.19 | 7.97 | 8.57 | 8.43 | 7.97 | 9.78 | 9.15 |
| ■ 微度 | 18.53 | 13.56 | 15.10 | 18.04 | 13.67 | 20.82 | 28.10 | 34.36 | 34.41 | 29.52 | 35.97 | 38.14 | 38.03 | 37.14 | 39.34 | 38.47 |

图 3-2-4  2000 年至 2015 年实际土壤风蚀强度面积比重年际变化

土壤风蚀严重时期：2000 年至 2004 年。这 5 年，土壤风蚀最为严重且保持稳定，除 2000 年外，均有中度 2 级出现，说明此期间土壤风蚀发生环境整体未有明显改善。轻度 3 级、中度 1 级、中度 2 级的面积比重之和始终超过 40%，中度 1 级约占三分之一。

土壤风蚀明显改善时期：2005 年至 2006 年。2 年间，土壤风蚀发生环境改善程度最大。明显的改善特征为不再有中度 2 级（尽管之前中度 2 级的面积比重未超过 6%）。另外，微度面积比重增加约 8%，轻度 2 级面积比重稍有增长。

土壤风蚀稳定时期：2007 年至 2008 年。2 年间，延续上阶段的持续改善，进入各级土壤风蚀强度稳定时期。微度约占三分之一；轻度 1 级面积比重降至 10% 以下；轻度 2 级面积比重基本无变化，为 17% 左右；中度 1 级面积比重至 2008 年已不足 0.2%，可忽略不计；轻度 3 级面积比重达到近 40%。

土壤风蚀微度下降时期：2009 年。与 2008 年相比，微度面积比重下降 4.89%，轻度 1 级和中度 1 级各增加 4.46% 和 1.35%。说明单位面积土壤风蚀量在 0 ～ 2t 的没有风蚀或微量风蚀的区域的分布范围缩小。

土壤风蚀轻度改善时期：2010 年至 2011 年。轻度 1 级、轻度 2 级、轻度 3 级面积比重之和以每年近 4% 的速度下降，其中贡献最大的是轻度 3 级。基本已无中度面积（中度 1 级 2010 年的面积比重为 0.02%，可忽略不计）。轻度占比持续下降，微度占比增加趋势明显，土壤风蚀发生环境得到改善。

土壤风蚀轻度恶化时期：2012 年至 2013 年。在上一时期土壤风蚀发生环境得到改善后，本时期又恶化至上一时期初始的土壤风蚀强度水平，但总体要好于 2010 年之前所有时期的土壤风蚀强度情况。

土壤风蚀显著改善时期：2014 年至 2015 年。2 年间，90% 以上为土壤风蚀强度最低的三个级别：微度和轻度 1 级的面积比重各接近 40% 和 10%，轻度 2 级在 45% 左右。轻度 3 级的面积比重不到上一时期的三分之一，说明较大的土壤风蚀强度急剧减少，相较于以往时期，土壤风蚀发生环境的改善程度和改善质量较高。

2015 年实际土壤风蚀强度面积比重及来自 2000 年的比例如图 3-2-5 所示。

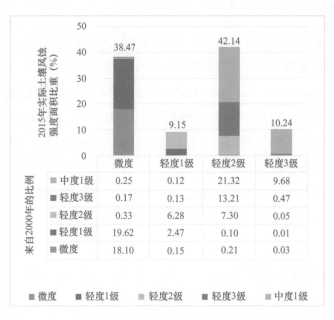

图 3-2-5　2015 年实际土壤风蚀强度面积比重及来自 2000 年的比例

2015 年实际土壤风蚀强度按面积比重排序为轻度 2 级 > 微度 > 轻度 3 级 > 轻度 1 级。

2015 年，微度中有 18.10% 来自 2000 年的微度，19.62% 的轻度 1 级是主要改善区，7.5% 的轻度 2 级、轻度 3 级、中度 1 级是较高质量的改善区。

2015 年，轻度 1 级包括 0.15% 的 2000 年微度（极小面积的）恶化区，6.28% 的轻度 2 级是改善区，0.25% 的轻度 3 级和中度 1 级是（极小比重的）较高质量改善区。

2015 年，轻度 2 级中包括 0.31% 的 2000 年的微度和轻度 1 级（极小面积的）恶化区，13.21% 的轻度 3 级是改善区，21.32% 的中度 1 级是研究区中面积最大且质量最高的改善区，将其作为重点土壤风蚀改善区域，通过驱动影响等回归分析，可得出人地关系各要素对土壤风蚀发生环境影响的大小，对进一步提高防风固沙服务具有重要意义。

2015 年，轻度 3 级中包括 0.09% 的 2000 年的微度、轻度 1 级和轻度 2 级（极小面积的）恶化区，9.68% 的中度 1 级是改善区。

### 2. 2000 年至 2015 年防风固沙量年际变化

2000 年至 2015 年防风固沙量面积比重年际变化图如图 3-2-6 所示。

16 年间，整体走势与实际土壤风蚀强度的走势相似，SL5 和 SL4 面积比重之和总体逐渐减小，SL3 面积比重有增加趋势，三者面积比重之和始终为 55% 左右。SL2 始终保持 5% ～ 10% 的面积比重，SL1 占比保持约三分之一。基于年际防风固沙量分级比重，参照实际土壤风蚀强度分期，以 6 年、5 年、5 年划分成 3 个阶段。

非常重要防风固沙时期：2000 年至 2005 年。SL5 仅在本时期存在（其余时期的面积比重不超过 0.18%，可忽略不计）且占比较大，SL5 与 SL4 面积比重之和约为 50%，为此消彼长的关系。其余级别的面积比重保持稳定，其中，SL0 始终未超过 0.47%。

重要防风固沙时期：2006 年至 2010 年。各级别面积比重非常稳定，其中 SL4 面积比重最大，其次为 SL1。

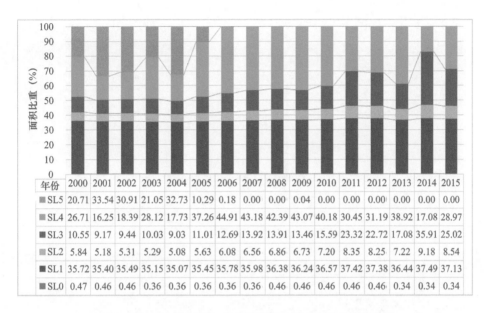

图 3-2-6　2000 年至 2015 年防风固沙量面积比重年际变化

比较重要防风固沙时期：2011 年至 2015 年。SL3 面积比重波动较大，波动中有增加趋势，SL3 与 SL4 面积比重之和超过 50%，为此消彼长的关系。其余级别面积比重基本保持不变。按平均面积比重排序为 SL1>SL4>SL3>SL2，其余忽略不计。

2015 年各级防风固沙量面积比重及来自 2000 年的比例如图 3-2-7 所示。

2015 年，SL5 面积比重为 0，说明固沙量最大的类型已消失，2000 年的 SL5 全部降成其他（固沙量小的）类型；SL4 中的 8.84% 来自 2000 年的 SL4，19.56% 来自固沙量更大的 SL5（减少了近五分之一），其余类型均不足 0.26%；SL3 中的 5.73% 来自 2000 年的 SL3，17.76% 来自固沙量更大的 SL4，其余类型均不足 0.28%，来自同级的比重是来自上一级的约三分之一，说明固沙量处于降级状态；SL2 中来自 2000 年的同级和上一级约各占一半，其余级别均不足 0.17%；SL1 基本来自本级，而且基本无变化。

### 3. 2000 年至 2015 年防风固沙率年际变化

根据防风固沙率分类结果，得到 2000 年至 2015 年各类防风固沙率面积比重年际变化，如图 3-2-8 所示。

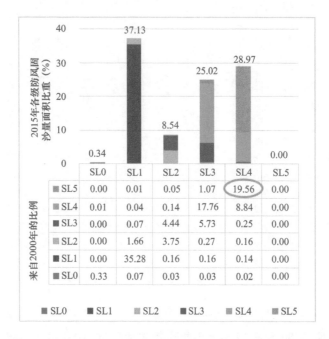

图 3-2-7　2015 年各级防风固沙量面积比重及来自 2000 年的比例

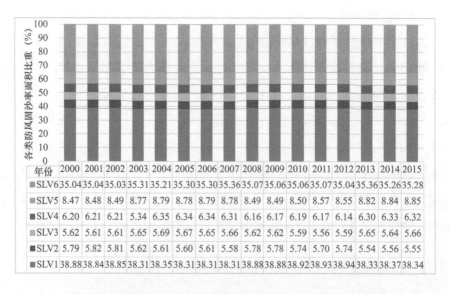

图 3-2-8　2000 年至 2015 年各类防风固沙率面积比重年际变化

16 年间，各类防风固沙率保持稳定，面积比重基本无变化。与实际土壤风蚀强度和防风固沙量明显的年际变化不同，防风固沙率没有明显的可划分阶段的变化，说明防风固沙率和土壤风蚀强度、防风固沙量在年际变化的量纲方面有较大差别。整体而言，防风固沙率极低和最高两类的多年平均值均超过 30%，说明在防风固沙率中，两个极端类占绝对主导地位。其余 4 类的面积比重较小，影响范围有限。

## 3.3 调节服务内部结构变化

### 3.3.1 水源涵养服务特征

**1. 2000 年至 2014 年水资源丰裕度内部结构变化分析**

各级水资源丰裕度最大值、最小值、平均值、标准差和变异系数如图 3-3-1～图 3-3-5 所示。

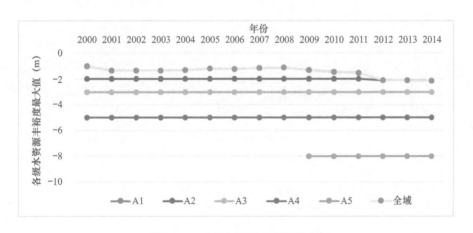

图 3-3-1 各级水资源丰裕度最大值

2000 年，全域地下水最大埋深小于 1m，2001 年至 2011 年，全域地下水最大埋深为 1～2m，2012 年之后停留在约 2m 处。各水资源丰裕度分级的最大值等于阈值上限。

2000 年至 2008 年，全域的地下水最小埋深稳定保持在 7～8m，波动很小，自 2009 年（8.31m）低于 8m 生态需水红线后，逐年下降 0.4m 左右，直至 2014 年的 9.85m。在地下水最小埋深超过 8 米警戒线后，将难以在短时间内通过自然水循环恢复地下水水位。各水资源丰裕度分级的最小值等于阈值下限。

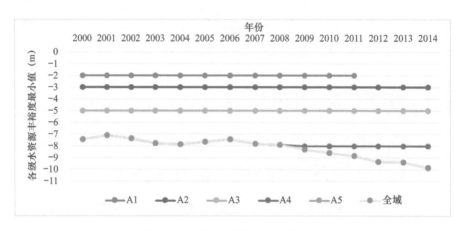

图 3-3-2　各级水资源丰裕度最小值

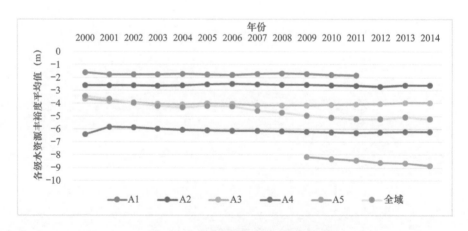

图 3-3-3　各级水资源丰裕度平均值

2000 年至 2008 年，全域地下水埋深平均值均为 3 ～ 5m，变化幅度较小。2009 年至 2014 年，A5（非常缺乏）的地下水埋深平均值下降幅度在各年均高于其他类型，从而使各年全域平均值低于 5m。各级水资源丰裕度的平均值在阈值范围内，变化幅度较小。

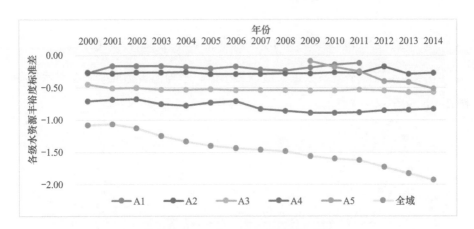

图 3-3-4   各级水资源丰裕度标准差

2000 年至 2014 年，从绝对值来看全域水资源丰裕度标准差持续增加。以 2005 年和 2009 年为节点，可以分为三个阶段来看，2005 年之前标准差增加较快；2005 年至 2009 年，标准差增速放缓；2009 年后标准差增速再次加快。

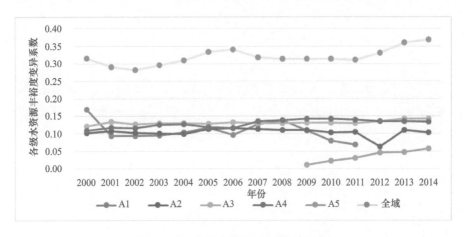

图 3-3-5   各级水资源丰裕度变异系数

变异系数作为兼顾平均值大小的无量纲系数，可用来衡量数据的离散程度。以 2006 年和 2011 年为节点，全域水资源丰裕度变异系数呈现阶梯式变化。各级水资源丰裕度变异系数在 2009 年之前变化幅度较小，自 2009 年起变化幅度有所增加，特别是 A1、A2 和 A5 的离散程度明显加大。说明在 2009 年后，水资源量受到的影响大小和范围均超过往年。

**2. 2000 年至 2013 年年际内水资源平衡系数内部结构变化分析**

年际内水资源平衡系数最大值、最小值、平均值、标准差和变异系数如图 3-3-6 ～图 3-3-10 所示。

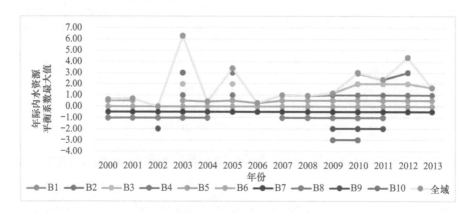

图 3-3-6　年际内水资源平衡系数最大值

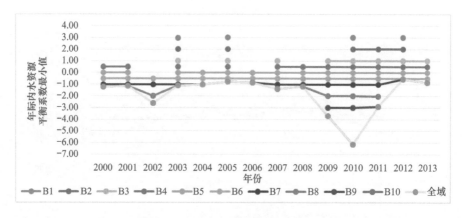

图 3-3-7　年际内水资源平衡系数最小值

年际内水资源平衡系数的全域最大值在 2003 年、2005 年、2010 年和 2012 年大于 3，说明上述年份的部分地区可达到较好的水资源平衡水平。全域最大值在其余年份均接近 1，保持局部区域的基本水资源平衡。

2009 年、2010 年和 2011 年，年际内水资源平衡系数的全域最小值小于 −3，表明失衡幅度较大。

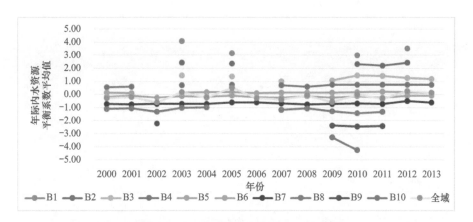

图 3-3-8    年际内水资源平衡系数平均值

年际内水资源平衡系数的全域平均值始终介于 −1 ～ 1，整体保持水资源基本平衡状态。

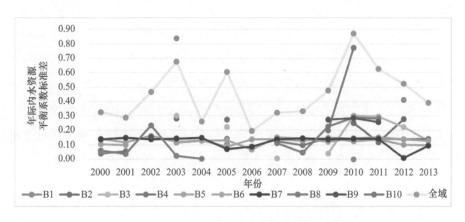

图 3-3-9    年际内水资源平衡系数标准差

年际内水资源平衡系数的全域标准差大于 0.5 的年份为 2003 年、2005年、2010 年、2011 年和 2012 年，与最大值排名前几位的年份基本相同，说明离散程度多源自与最大值的距平值。

年际内水资源平衡系数的全域变异系数仅在 2010 年大于 300，在其他年份均小于 0，说明在将标准差和平均值进行无量纲化的离散后，仅 2010 年变异程度较大。

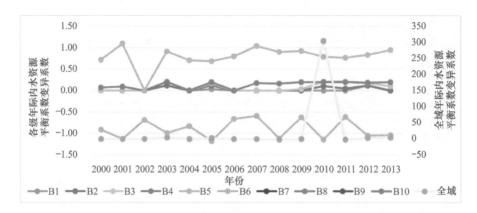

图 3-3-10　年际内水资源平衡系数变异系数

## 3.3.2　防风固沙服务特征

**1. 2000 年至 2015 年实际土壤风蚀强度内部结构变化分析**

如图 3-3-11 所示，实际土壤风蚀强度最大值总体特征：2001 年至 2007 年，最大值持续下降；2008 年至 2010 年及 2011 年至 2015 年，进入相对稳定和小幅波动状态。最大值的内部表现：2000 年，处在中度 1 级；2001 年至 2004 年，处在中度 2 级，其内部呈现整体走低趋势；2005 年至 2010 年，处在中度 1 级且小于 2000 年的最大值，自 2007 年起，连续 4 年均接近下限值；2011 年至 2015 年，处在轻度 3 级，在 20t/(hm² · a) 附近上下浮动。

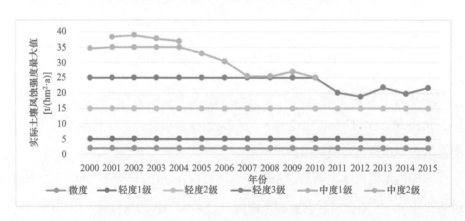

图 3-3-11　实际土壤风蚀强度最大值

从图 3-3-12 中可以看出，全域范围内的平均值在 2000 年至 2005 年、2006 年至 2010 年、2011 年至 2015 年，大致以 5 年为周期阶梯式下降。

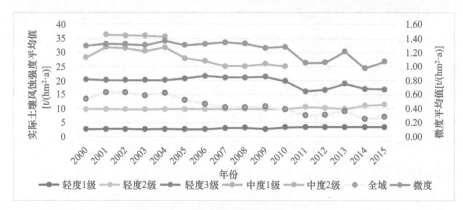

图 3-3-12　实际土壤风蚀强度平均值

实际土壤风蚀强度变异系数如图 3-3-13 所示。

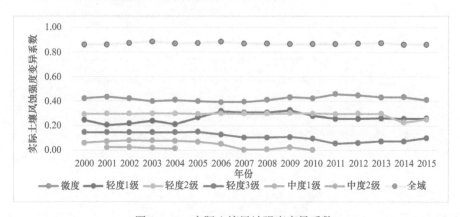

图 3-3-13　实际土壤风蚀强度变异系数

全域内的实际土壤风蚀强度变异系数在 16 年间始终在 0.87 附近上下浮动（±0.02），表明全域的实际土壤风蚀强度总体离散稳定。各级实际土壤风蚀强度内部的离散有增有减，形成了全域的总体离散稳定，轻度 1 级的离散在 2006 年至 2010 年期内与 2000 年至 2005 年相比涨幅较大，在 2011 年至 2015 年稍降，说明轻度 1 级内实际土壤风蚀强度长期来看发生较大变化。微度在 2011 年至 2015 年的离散相对较大。其他级别的实际土壤风蚀强度基本处于持平或下降状态，离散变化较小。

**2. 2000 年至 2015 年防风固沙量内部结构变化分析**

防风固沙量最大值如图 3-3-14 所示。全域和 SL5 的最大值相同，可分为 3 个阶段分析：前 6 年（2000 年至 2005 年）最大值处在高位，高位均值是 1378.40 t/hm$^2$；中间 5 年（2006 年至 2010 年）最大值在中等水平，平均值是 973.16 t/hm$^2$；后 5 年（2011 年至 2015 年）最大值处在低位，平均值是 703.21 t/hm$^2$。最大值总体呈现阶梯下降特征，阶梯内部最大值变化稳定，间接说明防风固沙服务的质量在下降。其余各级防风固沙量的最大值基本与级别阈值中的最大值一致。

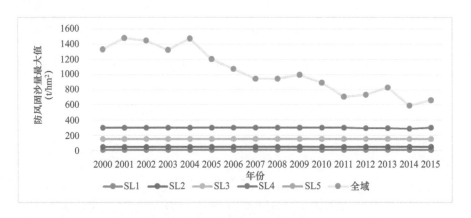

图 3-3-14 防风固沙量最大值

防风固沙量平均值如图 3-3-15 所示，按 3 个阶段分析：全域范围内 3 个阶段的平均值分别为 159.69 t/hm$^2$、115.69 t/hm$^2$、85.23 t/hm$^2$，可提供的防风固沙服务质量明显下降，即可固沙的绝对量逐步减少；作为固沙量极小的 SL1，其平均值分别为 3.45 t/hm$^2$、2.36 t/hm$^2$、1.57 t/hm$^2$，也呈现防风固沙服务质量下降趋势；有相似趋势的还有 SL4（平均值分别为 240.08 t/hm$^2$、222.36 t/hm$^2$、178.43 t/hm$^2$）。仅 SL5 表现出可固沙的绝对量稳步增加，即防风固沙服务质量提升的趋势。SL2 和 SL3 的平均值基本没有变化。

防风固沙量标准差如图 3-3-16 所示，按 3 个阶段分析：前 6 年各标准差均很稳定；在中间 5 年，SL5 的标准差陡然增大并保持高位（143.18 t/hm$^2$

左右），全域和 SL4 的标准差与前期相比稍有减小并稳定在 104.25 t/hm² 和 29.90 t/hm² 左右，其余级别未有大的变化；在最后 5 年，SL5 与全域、SL4 一样，继续保持小幅波动的下降状态。

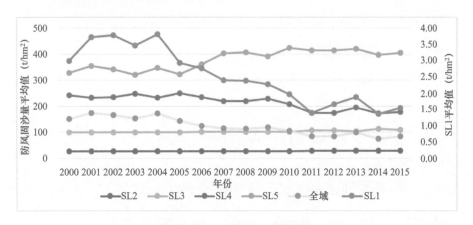

图 3-3-15　防风固沙量平均值

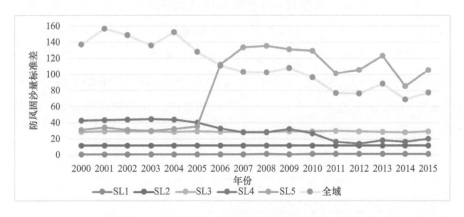

图 3-3-16　防风固沙量标准差

防风固沙量变异系数如图 3-3-17 所示，全域变异系数在 16 年间基本没有变化。按 3 个阶段分析：前 6 年各级变异系数保持平稳状态，变异系数排序为 SL2>SL1>SL3>SL4>SL5；在中间 5 年，变异系数排序变化较大，为 SL1>SL2>SL5>SL3>SL4，其中 SL1 和 SL5 变异系数增幅较大；在最后 5 年，SL1 的变异系数出现了两个峰值和一个谷值，其他级别变化较小，排序为 SL1>SL2>SL3>SL5>SL4。

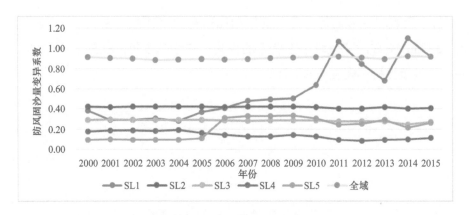

图 3-3-17　防风固沙量变异系数

### 3．2000 年至 2015 年防风固沙率内部结构变化分析

防风固沙率最大值、平均值、标准差、变异系数如图 3-3-18 ～图 3-3-21 所示。几乎所有连接线均呈现与年际时间序列轴平行的结果，表明绝大部分值没有发生变化。各级防风固沙率的最大值基本与级别阈值中的最大值一致，平均值与级别阈值内的平均值相等。全域标准差的多年平均值最大，为 0.42；其次是 SLV2、SLV3、SLV4、SLV5（标准差相等），平均值约为 0.06；SLV1 和 SLV6 的标准差最小，平均值均约为 0.02。在变异系数方面，SVL1 和全域最大，平均值为 1.19 和 0.86，其余级别均小于 0.3。

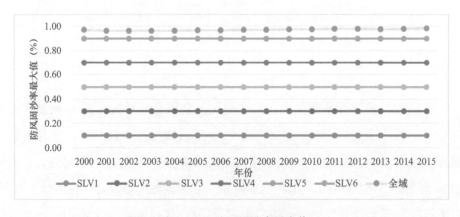

图 3-3-18　防风固沙率最大值

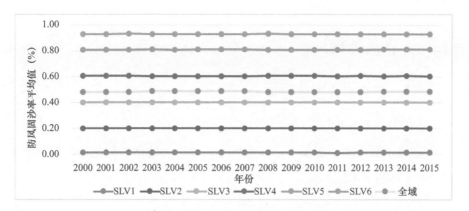

图 3-3-19　防风固沙率平均值

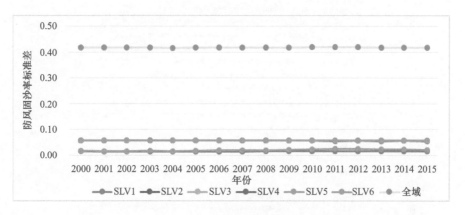

图 3-3-20　防风固沙率标准差

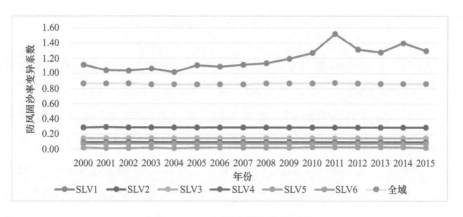

图 3-3-21　防风固沙率变异系数

## 3.4 调节服务转化

### 3.4.1　水源涵养服务特征

**1. 2000 年至 2014 年水资源丰裕度转化分析**

对各级水资源丰裕度由上一年度向下一年度的转化进行比重分析，结果如图 3-4-1～图 3-4-5 所示。

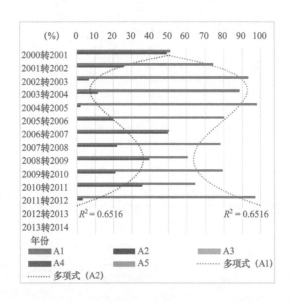

图 3-4-1　水资源非常充裕 A1 转化比重图（5 阶）

A1 转化：以 50% 轴为中心轴，轴两侧 A1 和 A2 的 5 阶多项式趋势线呈对称。A1 出现降级，全部转化至 A2，此范围内水资源量较充裕。

A2 转化：维持自身级别（A2）面积比重，最低值 62.45% 出现在 2001 年，2012 年出现最高值 99.04%。A2 和 A3 转化比重的 5 阶多项式趋势线曲线呈对称，A2 以维持自身比重为主，部分下降至 A3，极少比重转化为较高的 A1。A2 范围内能够保证绝大部分水资源量较充裕，剩余水资源量达到充裕水平。

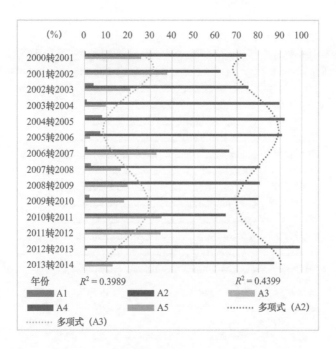

图 3-4-2　水资源较充裕 A2 转化比重图（5 阶）

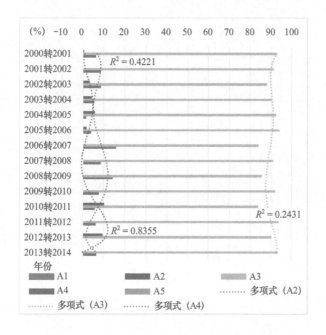

图 3-4-3　水资源充裕 A3 转化比重图（5 阶）

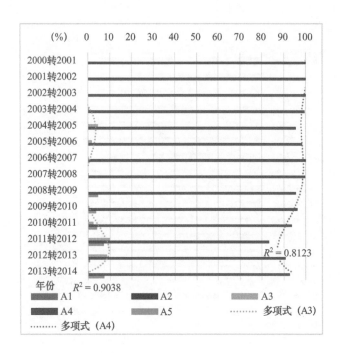

图 3-4-4　水资源缺乏 A4 转化比重图（5 阶）

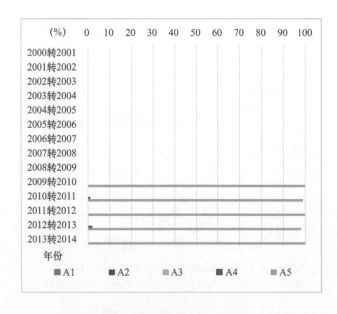

图 3-4-5　水资源非常缺乏 A5 转化比重图（5 阶）

A3 转化：A3 有平均 84.24% 的比重可留在本级别内，其转化比重的 5 阶多项式趋势线曲率较小，全域内水资源量充裕的区域不会受到过多的下降威胁。但在除 2012 年外的其他年份，均有 A3 下降至 A4 的情况，平均比重约为 7.15%，多年累积下降的情况不容忽视。有近十年 A3 上升至 A2，尽管平均只有 3.62%，但说明水资源量有少量增加。A3 整体转化分异明显，水资源量大趋势为下降，局部有增加。

A4 转化：平均有 89.63% 的 A4 未发生转化，在 2008 年后，平均有 4.55% 的 A4 下降至 A5。

A5 转化：自 2009 年起，A5 面积范围基本稳定，几乎没有较大转化。

**2. 2000 年至 2013 年年际内水资源平衡系数转化分析**

对年际内水资源平衡系数转化总体特征进行分析，如图 3-4-6 ～图 3-4-8 所示。B1 ～ B10 的较大比重转化成 B6 和 B7，部分转化为 B8，转化为 B1 ～ B5 的比重最小。

B1 在 2003 年完全转化为 B6，在 2005 年和 2010 年则全部转化为 B7，在 2012 年转好；B2 在 2003 年和 2005 年转化为 B6 和 B7，在 2010 年和 2012 年转好；B3 在 2003 年后每隔一年转化为 B6，自 2010 年起，转向平衡较好状态；B4 在 2010 年之前均转化为 B6 及 B10，在 2010 年后转好。

在年际内水资源平衡系数分类中，B5 和 B6 是最小幅度的平衡与失衡，在相同年份表现出（一致的）失衡加剧和保持在 B6 的趋势；B7 和 B8 也较一致地向失衡程度有所减缓的 B5、B6 和 B7 转化；B5 至 B8 总体集中转化为 B6。

B9 和 B10 属于严重失衡，在 2009 年转向平衡较好状态，在 2010 年也有（失衡减轻）转化为 B7 和 B8 的情况。B9 在 2002 年和 2011 年的失衡改善程度最大，转化为 B6 和 B5。

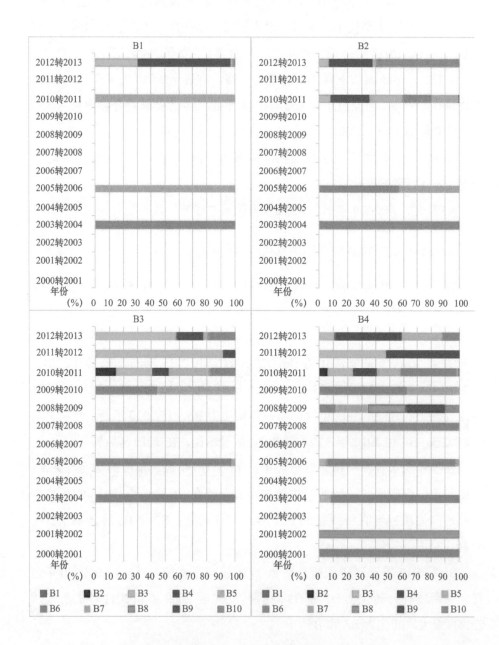

图 3-4-6　各级年际内水资源平衡系数转化比重图（1）

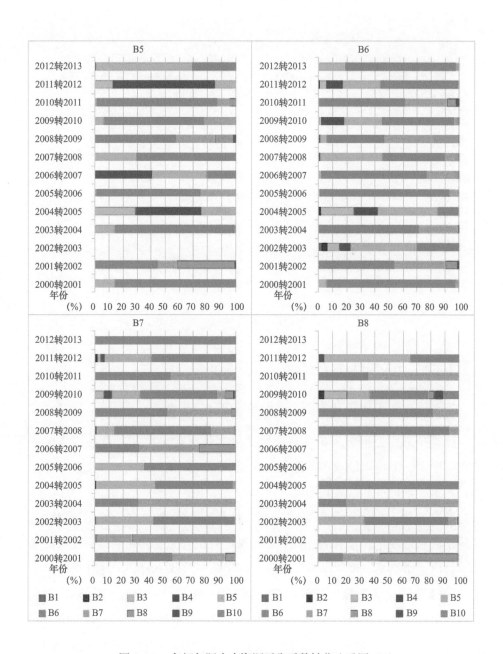

图 3-4-7　各级年际内水资源平衡系数转化比重图（2）

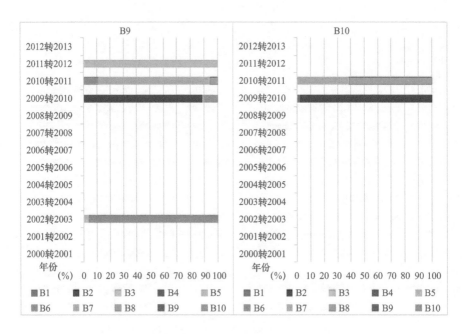

图 3-4-8 各级年际内水资源平衡系数转化比重图（3）

### 3.4.2 防风固沙服务特征

**1. 2000 年至 2015 年实际土壤风蚀强度转化分析**

计算某既定空间分布的实际土壤风蚀强度转化为下一年度各级强度的比重，即实际土壤风蚀改善和恶化的比重，得出实际土壤风蚀强度转化比重图，如图 3-4-9～图 3-4-14 所示。

微度转化：作为没有风蚀或土壤风蚀最轻的微度，它向其他级别转化说明土壤风蚀发生环境有恶化趋势。以幂函数拟合微度转化后本身比重的变化，得出递增结果，说明土壤风蚀发生环境趋于缓解、转好。2001 年、2004年、2009 年转化为轻度 1 级的比重分别为 26.73%、24.70%、14.21%，前两者均发生在区域范围内，2009 年则主要发生在科左中旗和科尔沁区；2002 年、2003 年、2007 年、2008 年、2012 年、2013 年、2015 年这 7 年转化为轻度 1级的比重均小于 3.41%，其中，在 2003 年、2008 年、2013 年，还有转化为轻度 2 级、轻度 3 级和中度 1 级的情况，尽管各比重均未超过 1.18%，但也说明在这 3 年中，土壤风蚀发生环境在小范围内有较严重的恶化。

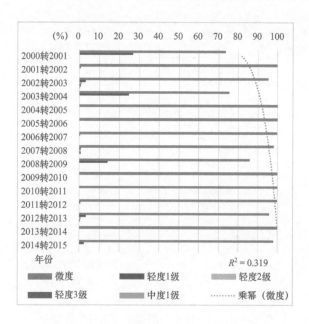

图 3-4-9　实际土壤风蚀微度转化比重图

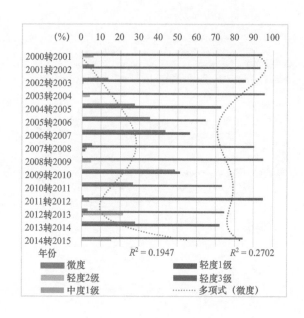

图 3-4-10　实际土壤风蚀轻度 1 级转化比重图

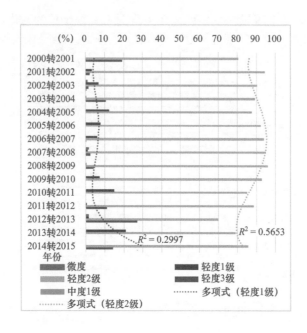

图 3-4-11　实际土壤风蚀轻度 2 级转化比重图

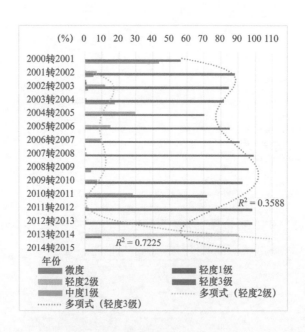

图 3-4-12　实际土壤风蚀轻度 3 级转化比重图

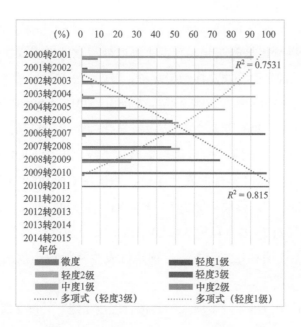

图 3-4-13　实际土壤风蚀中度 1 级转化比重图

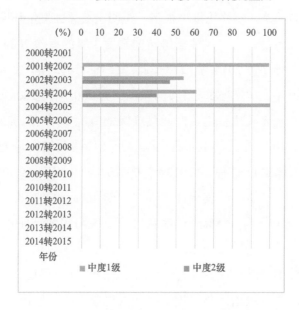

图 3-4-14　实际土壤风蚀中度 2 级转化比重图

　　轻度 1 级转化：在土壤风蚀发生环境转好时，轻度 1 级自身比重要减少，还要接收轻度 2 级及以上级别缓解后的转化；在恶化时，要加入来自微度的转化比重，减去自身转至较高级别的比重。以 5 阶多项式函数拟合轻度 1 级和微度转化后自身比重的变化，轻度 1 级增减与微度增减成反比的趋势明显，说明土壤风蚀发生环境总体趋于缓解、转好。土壤风蚀缓解转化为微度的比重排序为 2010 年 >2007 年 >43%>2006 年 >2014 年 >2005 年 >2011 年 >26%>2003 年 >13%，2000 年和 2015 年没有转化为微度的级别，其余年份的转化均少于 6.30%；土壤风蚀恶化转向轻度 2 级的有除 2005 年、2006 年、2010 年、2011 年、2014 年外的其他年份，恶化较重的是 2013 年（21.67%）和 2015 年（15.60%），其他年份恶化较轻，均低于 5.80%；在 2003 年、2008 年、2013 年，还有转化为轻度 3 级和中度 1 级的情况，尽管各比重均未超过 1.91%，但说明在这 3 年中，土壤风蚀发生环境在小范围内有较严重恶化。

轻度 2 级转化：以 4 阶多项式函数拟合轻度 1 级、轻度 2 级转化后本身比重的变化，与上述情况相同的是，轻度 2 级增减与轻度 1 级增减成反比，与上述情况不同的是，转移比重小很多，说明土壤风蚀发生环境总体趋于缓解、转好的程度较低。土壤风蚀缓解转向轻度 1 级的有除 2000 年、2015 年外的其他年份，排序为 2014 年 >21.00%>2011 年 >2005 年 >12.30%，在其他年份均低于 7.20%；土壤风蚀缓解转向微度的有 2003 年、2008 年、2013 年，均超过 1.60%；土壤风蚀恶化转向轻度 3 级的有除 2005 年、2006 年、2010 年、2011 年、2014 年外的其他年份，与轻度 1 级恶化转向轻度 2 级的年份一致。其中转移比重排序为 2013 年 >27.20%>2001 年 >19.30%>2015 年 >2012 年 >2004 年 >10.50%，其余年份均小于 4.10%；2003 年，还有转化为中度 1 级的情况，只有 0.48%，说明在轻度 2 级跨级的严重恶化情况几乎没有。

轻度 3 级转化：以 5 阶多项式函数拟合轻度 2 级、轻度 3 级转化后自身比重的变化，轻度 3 级增减与轻度 2 级增减也成反比，但转化比重大很多，说明土壤风蚀发生环境总体趋于缓解、转好的程度较高。土壤风蚀缓解转向轻度 2 级的有除 2000 年、2015 年外的其他年份，与轻度 2 级转向轻度 1 级的年份相同，排序为 2014 年 >90.30%>2005 年 >2011 年 >28.10%>2006 年 >

2003 年 >12.00%，在其他年份均低于 9.20%；土壤风蚀缓解转向微度和轻度
1 级的有 2003 年、2008 年、2013 年，均未超过 0.62%；土壤风蚀恶化转向
中度 1 级的有 2001 年、2002 年、2003 年、2004 年、2008 年、2009 年这 6 年，
其中转移比重排序为 2000 年 >43.40%>2004 年 >17.40%，在其余 4 年均小于
5.10%。

中度 1 级转化：以 2 阶多项式函数拟合轻度 3 级和中度 1 级转化后自
身比重的变化，轻度 3 级增减与轻度 2 级增减成反比的趋势明显，转移比
重逐年增大，直至 100%，说明土壤风蚀发生环境整体已经缓解、转好。土
壤风蚀缓解转向轻度 3 级的有除 2001 年、2012 年、2013 年、2014 年、
2015 年外的其他年份，排序为 2011 年 >2010 年 >2007 年 >97.90%>2009
年 >73.60%>2006 年 >2008 年 >47.60%>2005 年 >23.60%，其他年份均低于
6.00%；土壤风蚀缓解转向微度、轻度 1 级和轻度 2 级的仅有 2003 年，低
于 0.67%；土壤风蚀恶化转向中度 2 级的有 2001 年至 2004 年这 4 年，其
中 2002 年转移比重为 16.31%，在其余 4 年均小于 8.70%。

中度 2 级转化：中度 2 级仅存在土壤风蚀发生环境明显改善至中度 1 级
的情况，最终完全改善（100% 转化为中度 1 级）。

整体转化：在个别年份（如 2003 年、2008 年和 2013 年），出现了土壤
风蚀发生环境跨级改善或恶化，但比重均较小的明显特征，可能的原因之一
是采用了每 5 年为一期的土地利用类型，如 2003 年至 2007 年的实际土壤风
蚀强度是基于 2005 年的土地利用类型计算得出的。

### 2. 2000 年至 2015 年防风固沙量转化分析

计算各级防风固沙量由上一年度向下一年度转化的比重并制图，结果
如图 3-4-15 ～图 3-4-20 所示。

SL0 转化：SL0 表征不可风蚀地表，所以不涉及防风固沙服务的提供，并
且其比重很小，变化趋势是增是减并无太大影响。对 SL0 做 3 阶多项式趋势
线，除 2003 年的 75.57% 和 2013 年的 70.41% 外，未发生转化的比重基本保持
在 99.29% 左右，不增不减，变化很小。

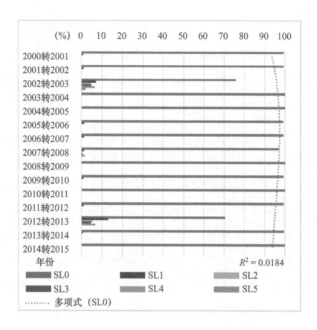

图 3-4-15 防风固沙量 SL0 转化比重图（3 阶）

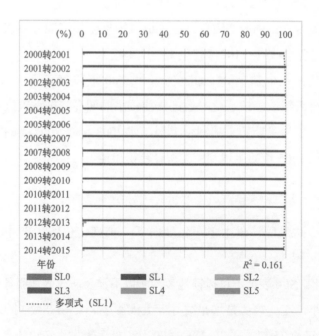

图 3-4-16 防风固沙量 SL1 转化比重图（3 阶）

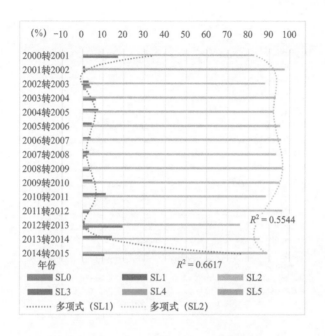

图 3-4-17　防风固沙量 SL2 转化比重图（6 阶）

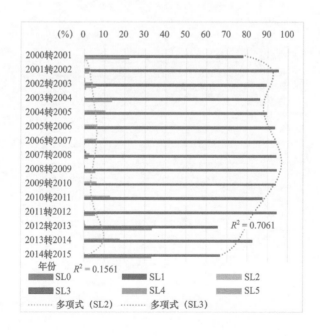

图 3-4-18　防风固沙量 SL3 转化比重图（6 阶）

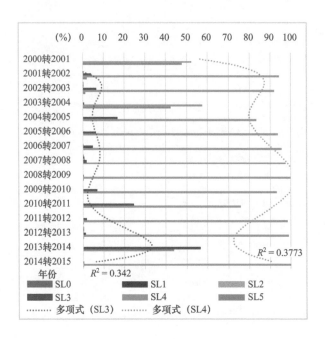

图 3-4-19　防风固沙量 SL4 转化比重图（6 阶）

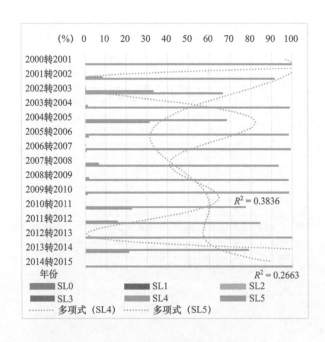

图 3-4-20　防风固沙量 SL5 转化比重图（6 阶）

SL1 转化：SL1 未发生转化的比重的平均值为 99.48%，其 3 阶多项式趋势线很平缓，SL1 固沙量极小，保持不转化对全域整体没有影响。

SL2 转化：SL2 未发生转化的比重的平均值为 91.06%，SL2 和 SL1 的 6 阶多项式趋势线呈现波动变化。转化为 SL1 的比重排序为 2014 年 >2011 年 >11.45%>2005 年 >7.65%，其他年份不足 4.70%，说明防风固沙质量下降得不是很明显。转化为 SL3 的比重排序为 14.54%>2013 年 >2001 年 >17.19%>2015 年 >2004 年 >6.59%，转化比重未超过 15% 且与转为 SL1 比重较大的年份不重叠，其余年份不足 3.60%，说明防风固沙质量明显下降年与质量增长年不是同一年。

SL3 转化：SL3 未发生转化的比重的平均值为 86.99%，SL3 和 SL2 的 6 阶多项式趋势线呈现较大波动，并且后 5 年比重下降明显。转化为 SL2 的年份包括 SL2 转化为 SL1 的年份且比重也近似，排序为 2014 年 >2011 年 >12.67%>2005 年 >10.44%>2006 年 >2010 年 >2007 年 >5.68%，其他年份不足 4.05%，说明本级别的防风固沙服务质量下降年份比 SL2 多很多。转化为 SL4 的比重排序为 33.46%>2013 年 >2015 年 >33.20%>2001 年 >22.19%>2004 年 >13.70%>2003 年 >2009 年 >2012 年 >5.29%，尽管转化为 SL4 的年份很多，但与转化为 SL2 的年份不重叠，说明本级别在年际内的防风固沙服务质量要么单调递增、要么单调递减，不会出现大比例同时增减的情况。

SL4 转化：SL4 未发生转化的比重的平均值为 85.03%，对 SL4 和 SL3 的 6 阶多项式趋势线进行分析，前者波动较大，后者前 10 年波动很小，但后 5 年波动明显。转化为 SL3 的年份与 SL3 转化为 SL2 的年份很接近，排序为 2014 年 >56.29%>2011 年 >24.29%>2005 年 >16.63%>2010 年 >2003 年 >2006 年 >6.27%，说明 2014 年超过一半的防风固沙服务质量下降，2011 年约有四分之一下降。转化为 SL5 的情况仅发生在 2001 年和 2004 年且占比均近半，分别为 47.84% 和 42.39%，说明 SL4 防风固沙服务质量上升的年份很少，但防风固沙服务质量一旦上升，幅度就很大。

SL5 转化：SL5 未发生转化的比重的平均值为 60.80%，由 SL5 和 SL4 的 6 阶多项式趋势线可得，实际上只有 SL5 向 SL4 转化的情况存在，并且波动非常大，2006年、2007年、2010年均大于98.27%，2014年、2011年、2005年均大于68.58%，2003年和2012年为33.10%和15.57%，其他年份均小于8.39%。说明SL5防风固沙服务质量下降（非常不稳定），下降程度也很大。

**3. 2000年至2015年防风固沙量在防风固沙率中的比重年际变化分析**

因为防风固沙率对防风固沙服务的变化趋势和程度表达得不够全面，所以将其与防风固沙量结合分析，即分析1种防风固沙率中6类防风固沙量所占比重的年际变化。

各类防风固沙量在极低防风固沙率中的比重年际变化如图3-4-21所示。

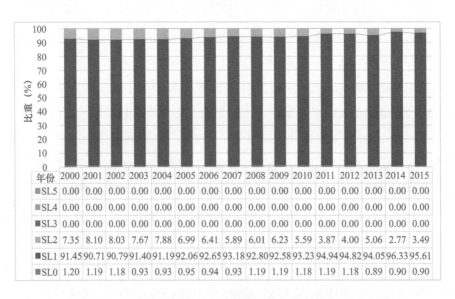

图3-4-21　各类防风固沙量在极低防风固沙率中的比重年际变化

在极低防风固沙率（SLV1）中，仅有三种防风固沙量，并且年际变化很小，没有阶段性特征，SL0、SL2的平均值分别为1.06%、5.95%。所以SLV1主要对应SL1（超过90%）。

在较低防风固沙率（SLV2）中，绝对值较大的有SL2和SL3，从绝对值以SL3为主导逐渐转化为以SL2为主导。SL2的3个阶段的平均值分别为 31.81%、59.86%、87.51%。SL3 的 3 个阶段的平均值分别为 66.13%、38.97%、10.16%。在 SLV2 中，逐步占据主导地位的是 SL2。

各类防风固沙量在中等防风固沙率（SLV3）中的比重具有阶段特征。SL1 增加至最高后的比重仅为 0.57%，可以忽略不计。SL2 比 SL1 的比重稍大些，3 个阶段的平均值从 2.74% 增加到 5.29%，直至最后的 15.62%，具有微弱增长趋势，但在 SLV3 中的比重仍较小。SL4 仅出现在前 6 年，平均值为 26.58%。SL3 作为 SLV3 的主体，阶段性平均值先增后减，分别为 70.52%、94.40%、83.88%。

在较高防风固沙率（SLV4）中，SL1 和 SL2 的比重最大值分别为 0.38% 和 5.32%，可以忽略。SL4 第一阶段的平均值为 86.78%，之后减小至 41.99% 和 1.71%。相对地，SL3 从第一阶段的 12.16% 逐步增长至 94.15%。SL3 逐步取代了原来占主导地位的 SL4，成为 SLV4 对应的主体。

在极高防风固沙率（SLV5）中，SL1 和 SL2 的比重较小，可忽略，主要涉及 SL3、SL4、SL5。SL5 仅出现在第一阶段，平均值为 24.50%。SL3 在第一、二阶段的比重较小，平均值分别为 4.62% 和 11.80%，在第三阶段猛增至 55.10%。SL4 与 SL3 相反，在第一、二阶段的比重的平均值较高，分别为 70.20% 和 86.90%，第三阶段减至 42.50%。整体上，SLV5 在第一、二阶段以 SL4 为主体，到第三阶段，SL3 偏大且与 SL4 一起占据主导地位。

在最高防风固沙率（SLV6）中，呈现的结构特征与 SLV5 近似。SL5 仅出现在第一阶段，平均值高达 64.82%。SL3 的 3 个阶段的平均值分别是 2.55%、5.38%、25.22%，SL4 的 3 个阶段的平均值分别是 31.41%、92.82%、72.46%。总体而言，在 SLV6 中，3 个阶段的主体分别是 SL5、SL4、SL4。

整体特征分析：低防风固沙率对应低防风固沙量，基本上高防风固沙率对应高防风固沙量；根据同一防风固沙率内对应的防风固沙量越大，其面积占比越大可得出，提供的防风固沙服务由大到小为第一阶段 > 第二阶段 > 第三阶段。

## 3.5 供给服务簇特征

生态系统服务簇指基于区域自然生态系统的（空间或时间上的）生态系统服务组合，主要用于分析生态系统服务多样性、主导的生态系统服务类型及生态系统服务间的权衡与协同关系[65]。

根据各供给服务所占面积的多年均值，计算研究区内供给服务簇组成，相关结果如图 3-5-1 和图 3-5-2 所示。

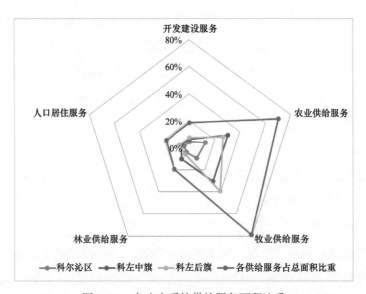

图 3-5-1　各生态系统供给服务面积比重

牧业供给服务和农业供给服务占绝对主导地位，分别占总面的 78.95% 和 70.24%，而林业供给服务、开发建设服务和人口居住服务等则各占近五分之一。无供给服务的面积占 1.37%。

由牧业供给服务和农业供给服务组成的服务簇面积占研究区面积的 40.72%。科尔沁区行政区面积占总面积的 14.33%，其中农业供给服务和牧业供给服务面积分别占总面积的 12.75% 和 9.26%，两者组成的服务簇面积占总面积的 5.91%；科左中旗行政区面积占总面积的 38.90%，农业供给服务和牧业供给服务面积分别占总面积的 30.78% 和 30.40%，其组成的服务簇面积占

总面积的 16.94%；科左后旗行政区面积占总面积的 46.77%，其牧业供给服务
面积在总面积中的占比最高，为 39.29%，其次是农业供给服务（26.71%），两
者组成的服务簇面积占总面积的 17.87%，在所含服务数量大于等于 2 种的服
务簇中面积最大。

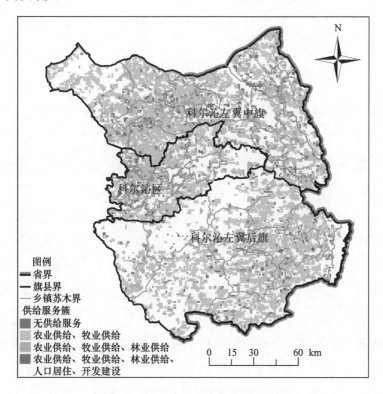

图 3-5-2　生态系统供给服务簇分布

在林业供给服务、人口居住服务和开发建设服务中，科尔沁区的占比分
别为 3.89%、4.31%、4.52%，科左中旗的占比分别为 10.07%、6.46%、6.59%，
科左后旗的占比分别为 5.57%、7.60%、7.61%。

由农业供给服务、牧业供给服务、林业供给服务组成的服务簇的占比是
8.25%，其中科尔沁区、科左中旗和科左后旗分别占 1.60%、4.90%、1.74%；
由农业供给服务、牧业供给服务、林业供给服务、人口居住服务、开发建设
服务组成的服务簇的占比仅为 2.43%，其中科尔沁区、科左中旗和科左后旗
分别占 0.47%、1.15%、0.81%。

# 第4章

# 权衡与协同关系演变

2000 年至 2015 年，伴随西辽河平原区 7 种生态系统服务 11 个指标的时空演化差异，两两指标间的权衡与协同关系呈现显著差异。开发建设服务与防风固沙服务、水源涵养服务间的多年简单相关性分析结果均未通过显著性检验。因此，本书未将开发建设服务纳入权衡与协同关系分析。进一步研究 6 种生态系统服务的 10 个指标，包括水源涵养服务（年际内水资源平衡系数 $B$、水资源丰裕度 $A$、水源涵养 $W$）、防风固沙服务（实际土壤风蚀强度 $Q$、防风固沙量 SL、防风固沙率 SLV）这 2 种调节服务（6 个指标），以及农业供给服务 $N$、牧业供给服务 $M$、林业供给服务 $L$、人口居住服务 $R$ 这 4 种供给服务（4 个指标），对于两两指标间权衡与协同关系的演变特征，从整体型和梯度水平型角度进行分析：前者基于两个生态系统服务指标的简单相关系数分析权衡与协同关系演变特征，再采用均方根误差（RMSE）分析法量化权衡与协同关系的大小及其演变趋势；后者基于水源涵养服务，将研究区划分为非常适应、适应、不适应、非常不适应 4 种不同的水资源适应性利用分区，作为 4 种梯度水平，分析各梯度内两两指标间的权衡与协同关系。

## 4.1 整体型权衡与协同关系演变

### 4.1.1 判断整体型权衡与协同关系

在判断两两指标间权衡与协同关系时，采用简单相关系数分析法。简单相关系数为正，即为促进的协同关系；简单相关系数为负，即为抑制的权衡关系；简单相关系数为零，则无权衡或协同关系。6 种生态系统服务的 10 个指标可两两组成 33 组，计算其简单相关系数，结果如图 4-1-1～图 4-1-11 所示。

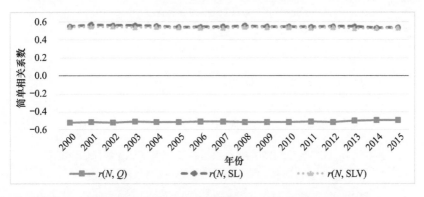

图 4-1-1　2000 年至 2015 年农业供给服务 $N$ 与实际土壤风蚀强度 $Q$、
防风固沙量 SL、防风固沙率 SLV 的简单相关系数

在图 4-1-1 中，2000 年至 2015 年，3 种简单相关系数无较大变化。农业供给服务 $N$ 与实际土壤风蚀强度 $Q$ 的简单相关系数为 $(-0.6, -0.4]$，为一般负相关，判定为权衡关系；农业供给服务 $N$ 与防风固沙量 SL、防风固沙率 SLV 的简单相关系数在 $[0.4, 0.6)$ 内，为一般正相关，判定为协同关系。

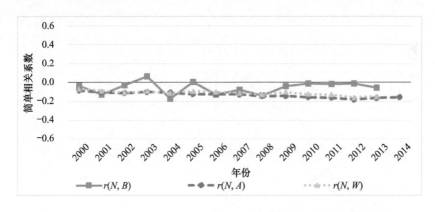

图 4-1-2　2000 年至 2014 年农业供给服务 $N$ 与年际内水资源平衡系数 $B$、
水资源丰裕度 $A$、水源涵养 $W$ 的简单相关系数

在图 4-1-2 中，农业供给服务 $N$ 与年际内水资源平衡系数 $B$、水资源丰裕度 $A$、水源涵养 $W$ 的简单相关系数的 95.35% 为负相关，是区间 $(0.2, 0)$ 内的极弱负相关，为权衡关系；2.33% 为极弱正相关；2.32% 为无相关性。

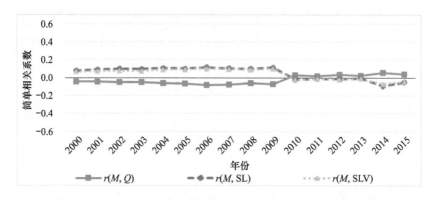

图 4-1-3　2000 年至 2015 年牧业供给服务 $M$ 与实际土壤风蚀强度 $Q$、
防风固沙量 SL、防风固沙率 SLV 的简单相关系数

在图 4-1-3 中，简单相关系数整体介于极弱正负相关范围内，2010 年前后符号相反，权衡与协同关系需要分别判定。2000 年至 2009 年，牧业供给服务 $M$ 与实际土壤风蚀强度 $Q$ 为权衡关系，与防风固沙量 SL、防风固沙率 SLV 为协同关系。自 2010 年起，牧业供给服务 $M$ 与实际土壤风蚀强度 $Q$ 为协同关系，与防风固沙量 SL、防风固沙率 SLV 为权衡关系。

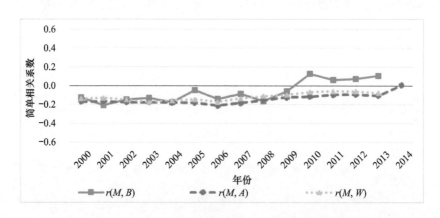

图 4-1-4　2000 年至 2014 年牧业供给服务 $M$ 与年际内水资源平衡系数 $B$、
水资源丰裕度 $A$、水源涵养 $W$ 的简单相关系数

在图 4-1-4 中，简单相关系数的 88.37% 为负相关，9.30% 为正相关，2.33% 为无相关性。牧业供给服务 $M$ 与水资源丰裕度 $A$、水源涵养 $W$ 基本是极弱负相关，判定为权衡关系。2010 年，牧业供给服务 $M$ 与年际内水资

源平衡系数 $B$ 的相关性由负转正，判定二者在 2010 年之前为权衡关系，自 2010 年起为协同关系。

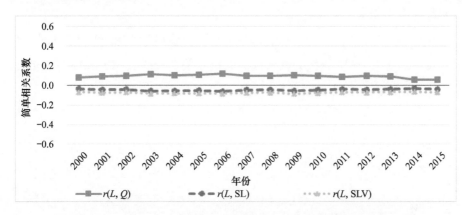

图 4-1-5　2000 年至 2015 年林业供给服务 $L$ 与实际土壤风蚀强度 $Q$、
防风固沙量 SL、防风固沙率 SLV 的简单相关系数

在图 4-1-5 中，林业供给服务 $L$ 与防风固沙服务 3 个指标的简单相关系数全部介于极弱正负相关范围内，并且变化极小。林业供给服务 $L$ 与实际土壤风蚀强度 $Q$ 为正相关的协同关系，与防风固沙量 SL、防风固沙率 SLV 为负相关的权衡关系。

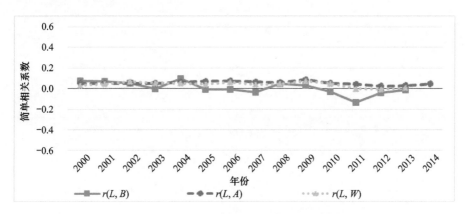

图 4-1-6　2000 年至 2014 年林业供给服务 $L$ 与年际内水资源平衡系数 $B$、
水资源丰裕度 $A$、水源涵养 $W$ 的简单相关系数

在图 4-1-6 中，林业供给服务 $L$ 与年际内水资源平衡系数 $B$ 的简单相关系数的 21.43% 为无相关性、35.71% 为负相关、42.86% 为正相关，并且均在

极弱正负相关范围内，判定为无权衡或协同关系。林业供给服务 $L$ 与水资源丰裕度 $A$、水源涵养 $W$ 基本为极弱正相关（后者在后 3 年为无相关性），综合判定为协同关系。

在图 4-1-7 中，人口居住服务 $R$ 与实际土壤风蚀强度 $Q$、防风固沙量 SL、防风固沙率 SLV 的相关性依次为弱负相关、极弱负相关和极弱正相关，判定为权衡关系、权衡关系和协同关系，并且均多年几乎无变化。

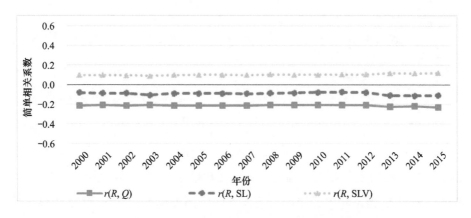

图 4-1-7　2000 年至 2015 年人口居住服务 $R$ 与实际土壤风蚀强度 $Q$、
防风固沙量 SL、防风固沙率 SLV 的简单相关系数

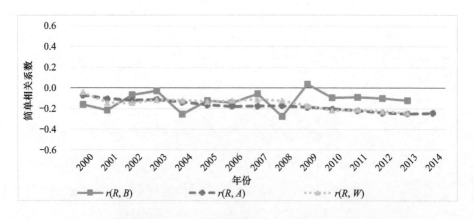

图 4-1-8　2000 年至 2014 年人口居住服务 $R$ 与年际内水资源平衡系数 $B$、
水资源丰裕度 $A$、水源涵养 $W$ 的简单相关系数

在图 4-1-8 中，97.67% 为负相关，人口居住服务 $R$ 与年际内水资源平衡系数 $B$、水资源丰裕度 $A$、水源涵养 $W$ 均为具有增加趋势的权衡关系，自 2010 年起，后两者从极弱负相关转为弱负相关。

实际土壤风蚀强度 $Q$ 是防风固沙服务中衡量实际受到的土壤风蚀的指标，其与水源涵养服务 3 个指标的多年简单相关系数（见图 4-1-9）：95.35% 是正相关，其中，18.61% 是区间 [0.2, 0.4) 内的弱正相关，76.74% 是区间 (0, 0.2) 内的极弱正相关；在 2003 年后，实际土壤风蚀强度 $Q$ 与水资源丰裕度 $A$ 的相关性的增加趋势最明显，其次为与水源涵养 $W$ 的相关性，与年际内水资源平衡系数 $B$ 的相关性在波动中缓慢增加。

由从前期的极弱正相关到后期的弱正相关的变化可大致判断出，实际土壤风蚀强度 $Q$ 与水源涵养服务为协同关系，有 4.65% 是负相关，即为权衡关系，判断误差小于 5%。

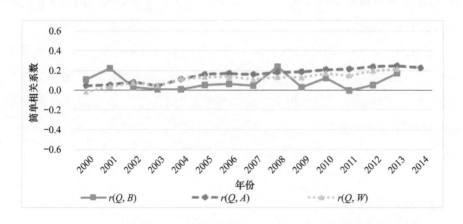

图 4-1-9　2000 年至 2014 年实际土壤风蚀强度 $Q$ 与年际内水资源平衡系数 $B$、
水资源丰裕度 $A$、水源涵养 $W$ 的简单相关系数

防风固沙量 SL 是潜在土壤风蚀强度与实际土壤风蚀强度的差值，代表免受风蚀侵害的土壤量。其与水源涵养服务 3 个指标的简单相关系数如图 4-1-10 所示，83.72% 为负相关，2.33% 为无相关性。在 2003 年后，防风固沙量 SL 与水资源丰裕度 $A$ 和水源涵养 $W$ 的相关性（持续）平缓增加，与年际内水资源平衡系数 $B$ 的相关性波动增加。

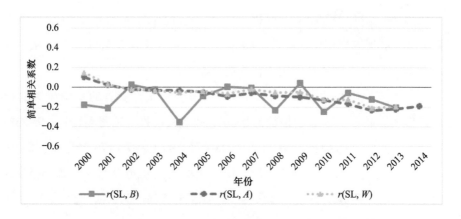

图 4-1-10　2000 年至 2014 年防风固沙量 SL 与年际内水资源平衡系数 $B$、
水资源丰裕度 $A$、水源涵养 $W$ 的简单相关系数

　　由从前期的极弱负相关到后期的弱负相关的变化可判断出，防风固沙量 SL 与水源涵养服务是权衡关系，有 13.95% 是正相关，即为协同关系，判断误差小于 15%。

　　在图 4-1-11 中，防风固沙率 SLV 与年际内水资源平衡系数 $B$、水资源丰裕度 $A$、水源涵养 $W$ 的简单相关系数的趋势及大小基本与图 4-1-10 中防风固沙量 SL 与其他指标的简单相关系数的趋势及大小一致。防风固沙率 SLV 与水源涵养服务是权衡关系。

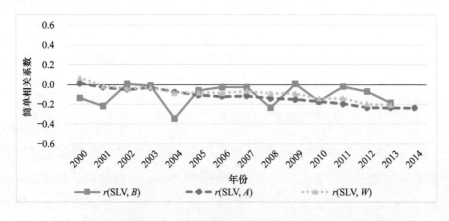

图 4-1-11　2000 年至 2014 年防风固沙率 SLV 与年际内水资源平衡系数 $B$、
水资源丰裕度 $A$、水源涵养 $W$ 的简单相关系数

### 4.1.2  量化整体型权衡与协同关系大小

在量化两两指标间整体型权衡与协同程度时，采用均方根误差（RMSE）分析法。RMSE 以两个指标间的离散程度代表相互作用的大小。RMSE 值越小则离散程度越小，说明权衡或协同关系越强。RMSE 计算结果如图 4-1-12～图 4-1-22 所示。

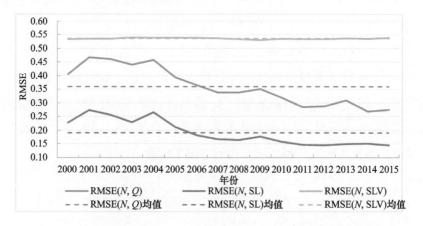

图 4-1-12  2000 年至 2015 年农业供给服务 $N$ 与实际土壤风蚀强度 $Q$、防风固沙量 SL、防风固沙率 SLV 的 RMSE

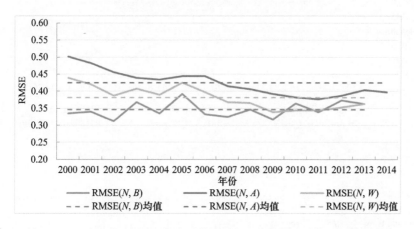

图 4-1-13  2000 年至 2014 年农业供给服务 $N$ 与年际内水资源平衡系数 $B$、水资源丰裕度 $A$、水源涵养 $W$ 的 RMSE

在图 4-1-12 中，2005 年与 2009 年为 3 个阶段的划分节点，前期、中期、后期的农业供给服务 $N$ 与实际土壤风蚀强度 $Q$、防风固沙量 SL 的 RMSE 呈现阶段性增加特征，多年 RMSE 均值分别为 0.36、0.19，后者的协同作用大于前者的权衡作用。农业供给服务 $N$ 与防风固沙率 SLV 间的协同作用最弱，RMSE 均值为 0.54，无阶段性变化特征。

在图 4-1-13 中，RMSE 整体呈下降趋势，表明权衡作用明显增强，RMSE($N$, $B$) 均值、RMSE($N$, $A$) 均值、RMSE($N$, $W$) 均值分别为 0.35、0.42、0.38。自 2010 年开始，农业供给服务 $N$ 与年际内水资源平衡系数 $B$、水源涵养 $W$ 的权衡作用发生逆转，后者的权衡作用强于前者。

在图 4-1-14 中，RMSE($M$,SLV) 均值为 0.63，在 2010 年前后，牧业供给服务 $M$ 与防风固沙率 SLV 由协同关系转为权衡关系，未发生强度变化。牧业供给服务 $M$ 与实际土壤风蚀强度 $Q$、防风固沙量 SL 的 RMSE 均值分别为 0.40、0.27，在 2010 年前，前者为权衡关系，后者为协同关系，自 2010 年起，两者关系发生改变，但后者作用始终强于前者。

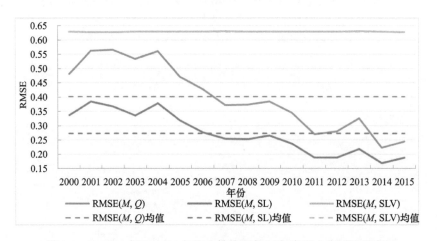

图 4-1-14　2000 年至 2015 年牧业供给服务 $M$ 与实际土壤风蚀强度 $Q$、
防风固沙量 SL、防风固沙率 SLV 的 RMSE

在图 4-1-15 中，牧业供给服务 $M$ 与水源涵养服务基本为权衡关系，多年趋势为权衡增强。RMSE($M$, $B$) 均值、RMSE($M$, $A$) 均值、RMSE($M$, $W$) 均值分别为 0.48、0.57、0.52。自 2010 年起，牧业供给服务 $M$ 与年际内水资源平衡系数 $B$ 的权衡关系转为协同关系，其强度也有所下降。

在图 4-1-16 中，林业供给服务 $L$ 与防风固沙率 SLV 的权衡关系最弱，始终在 RMSE($L$, $Q$) 均值（0.68）上下浮动。林业供给服务 $L$ 与实际土壤风蚀强度 $Q$、防风固沙量 SL 的关系（同步）阶梯式增强，前者为协同关系，后者为权衡关系，RMSE($L$, SL) 均值、RMSE($L$, SLV) 均值均为 0.28。

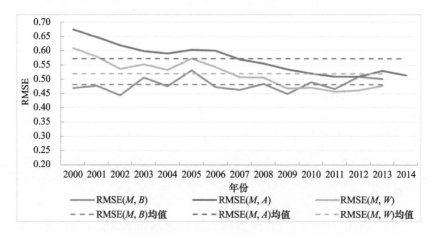

图 4-1-15　2000 年至 2014 年牧业供给服务 $M$ 与年际内水资源平衡系数 $B$、
水资源丰裕度 $A$、水源涵养 $W$ 的 RMSE

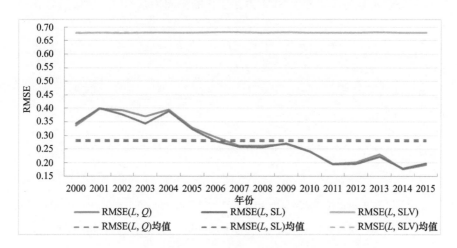

图 4-1-16　2000 年至 2015 年林业供给服务 $L$ 与实际土壤风蚀强度 $Q$、
防风固沙量 SL、防风固沙率 SLV 的 RMSE

在图 4-1-17 中，林业供给服务 $L$ 与水资源丰裕度 $A$、水源涵养 $W$ 的协同关系趋于增强，RMSE($L$, $A$) 均值、RMSE($L$, $W$) 均值分别为 0.48、0.43，前者强于后者。

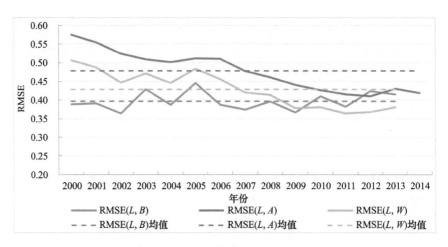

图 4-1-17 2000 年至 2014 年林业供给服务 $L$ 与年际内水资源平衡系数 $B$、
水资源丰裕度 $A$、水源涵养 $W$ 的 RMSE

在图 4-1-18 中，人口居住服务 $R$ 与实际土壤风蚀强度 $Q$、防风固沙量 SL 的 RMSE 折线完全重叠，同为权衡关系且阶段性增强，RMSE 均值均为 0.29。人口居住服务 $R$ 与防风固沙率 SLV 为无变化的协同关系，RMSE 均值为 0.69。

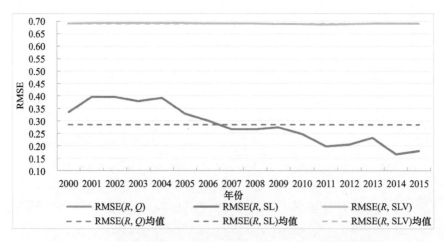

图 4-1-18 2000 年至 2015 年人口居住服务 $R$ 与实际土壤风蚀强度 $Q$、
防风固沙量 SL、防风固沙率 SLV 的 RMSE

在图 4-1-19 中，人口居住服务 $R$ 与年际内水资源平衡系数 $B$ 为权衡关系，RMSE 围绕均值 0.46 上下浮动。人口居住服务 $R$ 与水资源丰裕度 $A$、水

源涵养 $W$ 的权衡关系持续增强，前者弱于后者。

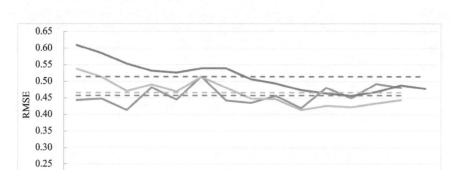

图 4-1-19　2000 年至 2014 年人口居住服务 $R$ 与年际内水资源平衡系数 $B$、
水资源丰裕度 $A$、水源涵养 $W$ 的 RMSE

　　图 4-1-20 中的 RMSE 结果显示，整体变化可分 3 个阶段分析，在 2005 年前，平缓下降；2005 年至 2009 年，下降趋势增强；在 2009 年后，保持平稳，实际土壤风蚀强度 $Q$ 与水资源丰裕度 $A$、水源涵养 $W$ 的 RMSE 变化较为一致，前者大于后者，RMSE$(Q, B)$ 在 2009 年后不降反升。RMSE$(Q, B)$ 均值、RMSE$(Q, A)$ 均值、RMSE$(Q, W)$ 均值分别为 0.33、0.38、0.35。实际土壤风蚀强度 $Q$ 与水源涵养服务 3 个指标间的协同关系整体呈现增强趋势，与相关性变化趋势较为一致。在 2010 年之前，实际土壤风蚀强度 $Q$ 与年际内水资源平衡系数 $B$ 的协同关系最强。自 2010 年起，实际土壤风蚀强度 $Q$ 与水源涵养 $W$ 的协同关系最强。

　　在图 4-1-21 中，截至 2009 年，防风固沙量 SL 与年际内水资源平衡系数 $B$ 的权衡关系最强。自 2010 年起，防风固沙量 SL 与水源涵养 $W$ 的权衡关系最强。防风固沙量 SL 与水资源丰裕度 $A$ 的权衡关系始终最弱。RMSE(SL, $B$) 均值、RMSE(SL, $A$) 均值、RMSE(SL, $W$) 均值分别为 0.34、0.42、0.37。防风固沙量 SL 与年际内水资源平衡系数 $B$ 的权衡关系趋于减弱，与水资源丰裕度 $A$ 和水源涵养 $W$ 的权衡关系整体趋于增强，与相关性变化趋势相近。

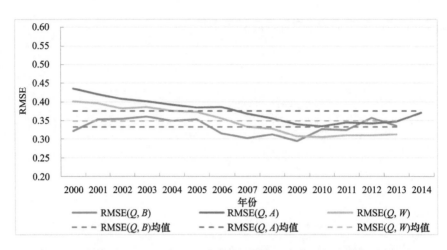

图 4-1-20　2000 年至 2014 年实际土壤风蚀强度 $Q$ 与年际内水资源平衡系数 $B$、
水资源丰裕度 $A$、水源涵养 $W$ 的 RMSE

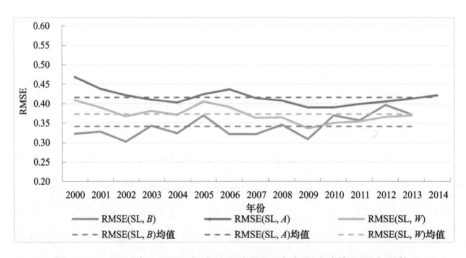

图 4-1-21　2000 年至 2014 年防风固沙量 SL 与年际内水资源平衡系数 $B$、
水资源丰裕度 $A$、水源涵养 $W$ 的 RMSE

在图 4-1-22 中，防风固沙率 SLV 与年际内水资源平衡系数 $B$ 的权衡关系最强，始终保持在均值 0.43 左右。防风固沙率 SLV 与水资源丰裕度 $A$、水源涵养 $W$ 的权衡关系呈现持续减弱趋势。RMSE(SL, $A$) 均值、RMSE(SL, $W$) 均值几乎相等，分别为 0.48、0.47。

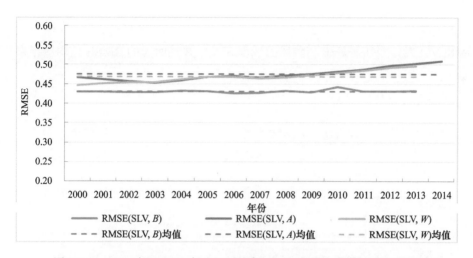

图 4-1-22 2000 年至 2014 年防风固沙率 SLV 与年际内水资源平衡系数 $B$、
水资源丰裕度 $A$、水源涵养 $W$ 的 RMSE

### 4.1.3 整体型权衡与协同关系演变趋势分析

**1. 供给服务与调节服务间整体型权衡与协同关系演变趋势分析**

图 4-1-23 给出了供给服务与调节服务的多年 RMSE 均值，可综合判断权衡与协同关系。

权衡关系：权衡关系中的前三强（0.25～0.30）为林业供给服务 $L$ 和防风固沙量 SL、人口居住服务 $R$ 与实际土壤风蚀强度 $Q$、人口居住服务 $R$ 与防风固沙量 SL；有 9 个权衡强度为 0.35～0.6，权衡强度依次为农业供给服务 $N$ 与水源涵养服务 > 人口居住服务 $R$ 与水源涵养服务 > 牧业供给服务 $M$ 与水源涵养服务；权衡关系最弱（大于 0.65）为林业供给服务 $L$ 与防风固沙率 SLV，并且 RMSE 多年未变。整体来看，调节服务的权衡强度特征为防风固沙服务大于水源涵养服务；供给服务的权衡强度特征为林业供给服务 $L$>人口供给服务 $R$>农业供给服务 $N$>牧业供给服务 $M$。

协同关系：协同关系中的前两强为农业供给服务 $N$ 与防风固沙量 SL、林业供给服务 $L$ 与实际土壤风蚀强度 $Q$，为 0.25～0.30；有 2 个协同强度为 0.3～0.5，分别为林业供给服务 $L$ 与水源涵养 $W$、林业供给服务 $L$ 与水

资源丰裕度 $A$；协同强度最弱（大于 0.5）的是农业供给服务 $N$ 与防风固沙率 SLV、人口居住服务 $R$ 与防风固沙率 SLV，并且两者的 RMSE 值均多年未变化。

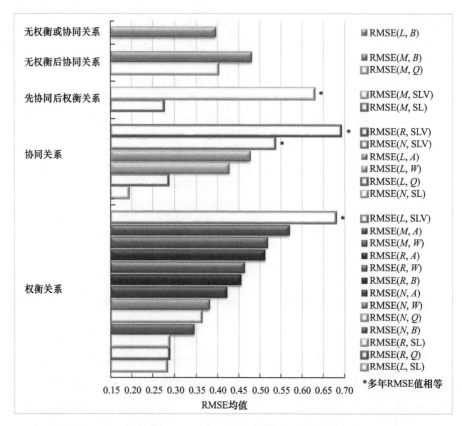

图 4-1-23　2000 年至 2015 年 RMSE 均值（判断权衡与协同关系）

注：以 2010 年为节点分为 2 个阶段；无填充条表示供给服务与防风固沙服务的 RMSE 均值；填充条表示供给服务与水源涵养服务的 RMSE 均值。

先权衡后协同关系：在 2 个阶段内，权衡与协同关系之间的转化均涉及牧业供给服务 $M$；牧业供给服务 $M$ 与实际土壤风蚀强度 $Q$、年际内水资源平衡系数 $B$ 在后期为协同关系。

先协同后权衡关系：牧业供给服务 $M$ 与防风固沙量 SL 先协同后权衡；牧业供给服务 $M$ 与防风固沙率 SLV 在协同和权衡之间互相转换，但保持多年 RMSE 不变且强度较弱。

无权衡或协同关系：林业供给服务 $L$ 与年际内水资源平衡系数 $B$ 作为唯一无权衡或协同的关系组合，RMSE 均值为 0.4。

综合判断权衡与协同关系：综合上述结论，将 RMSE 均值大于 0.5 且多年 RMSE 值不变，即权衡或协同强度持续保持同一水平的较弱状态的生态系统服务组合判定为无权衡或协同关系。如将 4 个供给服务与防风固沙率 SLV 等的组合综合判定为无权衡或协同关系。

**2. 调节服务间整体型权衡与协同关系演变趋势分析**

在图 4-1-24 中，根据调节服务内多年 RMSE 均值与相关系数的符号可得出，防风固沙服务与水源涵养服务的权衡强度排序为防风固沙量 SL> 防风固沙率 SLV，年际内水资源平衡系数 $B$> 水源涵养 $W$> 水资源丰裕度 $A$；防风固沙服务与水源涵养服务的协同强度排序为年际内水资源平衡系数 $B$> 水源涵养 $W$> 水资源丰裕度 $A$。

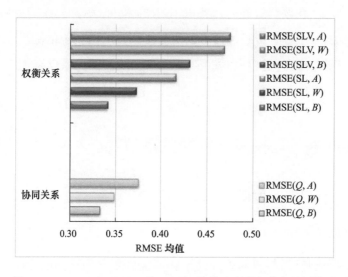

图 4-1-24　2000 年至 2014 年 RMSE 均值（判断权衡与协同关系）

3. 整体型权衡与协同关系特征

整体型权衡与协同关系比重如表 4-1-1 所示。

表 4-1-1  整体型权衡与协同关系比重

| 关系类 | 组 | 总比重 | 调节服务与供给服务间 | | | 调节服务内 | | |
|---|---|---|---|---|---|---|---|---|
| | | | 组 | 比重 | 总比重 | 组 | 比重 | 总比重 |
| 权衡关系 | 19 | 57.58% | 13 | 54.17% | 39.39% | 6 | 66.67% | 18.19% |
| 协同关系 | 9 | 27.27% | 6 | 25.00% | 18.18% | 3 | 33.33% | 9.09% |
| 先权衡后协同关系 | 2 | 6.06% | 2 | 8.33% | 6.06% | 0 | 0.00% | 0.00% |
| 先协同后权衡关系 | 2 | 6.06% | 2 | 8.33% | 6.06% | 0 | 0.00% | 0.00% |
| 无权衡或协同关系 | 1 | 3.03% | 1 | 4.17% | 3.03% | 0 | 0.00% | 0.00% |
| 总计 | 33 | 100.00% | 24 | 100.00% | 72.72% | 9 | 100.00% | 27.28% |

多年权衡与协同关系特征：以 19 组权衡关系为绝对主导，作为半数以上的主要关系类，占比为 57.58%，其中以调节服务与供给服务间的权衡关系为主，占 39.39%，调节服务内的权衡关系占 18.19%；稳定且彼此促进的协同关系有 9 组，占比为 27.27%，其中约三分之二存在于调节服务与供给服务间，约三分之一在调节服务内，各占 18.18% 和 9.09%；先权衡后协同关系、先协同后权衡关系各有 2 组，具有权衡与协同关系相互转化特征，均存在于调节服务与供给服务间，各占 6.06%；无权衡或协同关系仅有 1 组，占比为 3.03%。

## 4.2 梯度水平型权衡与协同关系演变

### 4.2.1  梯度水平分区

1. 梯度水平分区依据

梯度水平型权衡与协同关系是指将研究区划分为不同的梯度水平分区，分析各梯度内两两指标间的权衡与协同关系。水源涵养 4 种梯度水平分区如表 4-2-1 所示，具体分区如图 4-2-1 ～图 4-2-4 所示。在分析梯度水平型权衡与协同关系时，若指标平均值对应的梯度水平越高（对应的水源涵养服务值越高），则协同关系越强，反之权衡关系越强。

表 4-2-1 水源涵养 4 种梯度水平分区

| 水资源适应性梯度水平 | 水源涵养服务值 |
| --- | --- |
| 非常适应 | [7.6, 8]、[9, 10] |
| 适应 | [5, 6]、[6.6, 7.4]、[8.2, 8.8] |
| 不适应 | [1.6, 2]、[3, 4]、[4.2, 4.8]、[6.2, 6.4] |
| 非常不适应 | [0.2, 1.4]、[2.2, 2.8] |

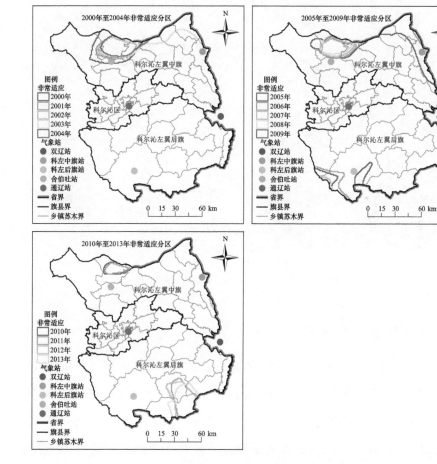

图 4-2-1 2000 年至 2013 年非常适应分区

图 4-2-2　2000 年至 2013 年适应分区

## 2. 长时间序列气象要素特征分析

基于 5 个相邻且可覆盖研究区的气象站点的多年数据，对比分析长时间序列的年降水量和年平均气温变化趋势，提供判断梯度水平型权衡与协同关系是否与气象条件相关的依据，如图 4-2-5 和图 4-2-6 所示。

在图 4-2-5 和图 4-2-6 中，研究区年降水量由东南向西北递减，年平均气温由东北向西南递增。以 350mm 年降水量为限，判断 2005 年、2010 年、2012 年和 2013 年为丰水年，2003 年、2004 年、2008 年是平水年，2000 年、

2001 年、2002 年、2006 年、2007 年、2009 年和 2011 年是枯水年。以年平均气温 7℃为限，判断 2002 年、2003 年、2004 年、2007 年和 2008 年气温偏高，2006 年气温较平稳，其余年份气温偏低。多年气温与降水量变化特征成反比，年平均气温偏高对应枯水年的概率高于对应平水年的概率，年平均气温偏低对应丰水年的概率大于对应平水年的概率。

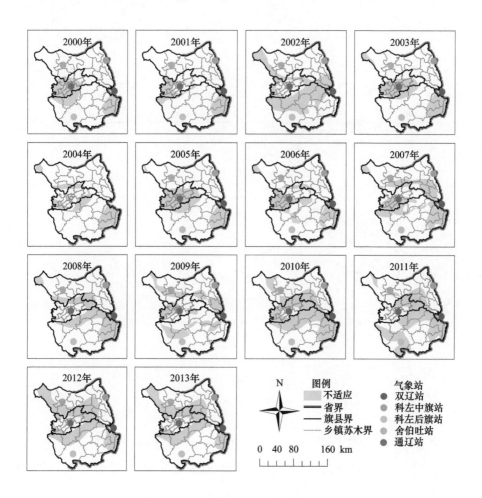

图 4-2-3　2000 年至 2013 年不适应分区

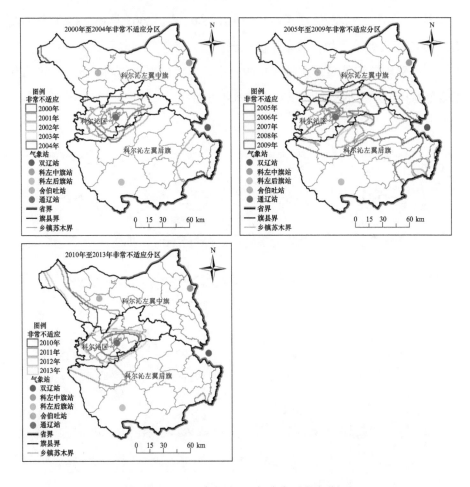

图 4-2-4　2000 年至 2013 年非常不适应分区

　　将 2005 年、2010 年、2012 年和 2013 年的气温偏低与降水偏高相叠加，将时间序列划分为 3 个阶段（选取 2005 年和 2010 年为节点），判断气象要素与生态系统服务演变是否相关。气象要素划分特征年如表 4-2-2 所示。

图 4-2-5 2000 年至 2013 年 5 个相邻气象站点的空间分布

注：研究区在 2006 年和 2012 年经历了 2 次行政区划撤乡并镇，为保证长时间序列的空间统计一致性，本书将辽河镇、河西镇、胜利乡、东苏林场、敖包苏木、伊胡塔苏木、散都苏木、巴彦毛都苏木和巴嘎塔拉苏木 9 个乡镇苏木纳入了其他 8 个乡镇苏木统计范围内。

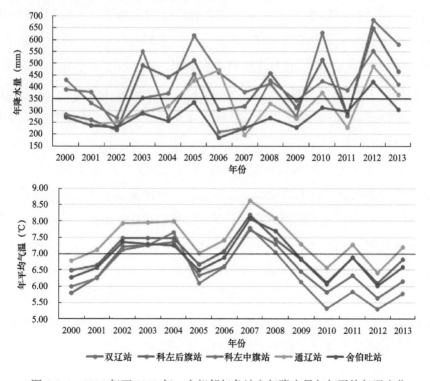

图 4-2-6 2000 年至 2013 年 5 个相邻气象站点年降水量与年平均气温变化

表 4-2-2　气象要素划分特征年

| 类型 | 丰水年 | 平水年 | 枯水年 |
|---|---|---|---|
| 气温偏高 | — | 2003年、2004年、2008年 | 2002年、2007年 |
| 气温平稳 | — | — | 2006年 |
| 气温偏低 | 2005年、2010年、2012年、2013年 | — | 2000年、2001年、2009年、2011年 |

## 4.2.2　调节服务内权衡与协同关系

基于图 4-2-6 和表 4-2-2，将气象要素变化特征分 3 个阶段分析：2000 年至 2004 年、2005 年至 2009 年、2010 年之后。2000 年至 2013 年不同梯度水平内防风固沙服务均值如图 4-2-7 所示。

（1）水源涵养与实际土壤风蚀强度梯度水平型协同关系：在 3 个阶段内，水源涵养与实际土壤风蚀强度在适应、不适应和非常不适应 3 个梯度水平上为协同关系。在 2002 年、2011 年，出现适应梯度水平内实际土壤风蚀强度均值低于不适应梯度水平内实际土壤风蚀强度均值的情况，而在 2006 年，非常不适应梯度水平内的均值高于不适应梯度水平内的均值。协同关系出现异常的年份均为枯水年，在气温偏高与偏低年，适应梯度水平内的均值低于不适应梯度水平内的均值，在气温平稳年，非常不适应梯度水平内的均值高于不适应梯度水平内的均值。本组协同关系受到的年降水量的影响要大于年平均气温的影响。

（2）水源涵养与防风固沙量梯度水平型权衡关系：整体上，水源涵养与防风固沙量在适应、不适应和非常不适应 3 个梯度水平上为权衡关系。在 2002 年、2011 年，适应梯度水平内防风固沙量均值高于不适应梯度水平内防风固沙量均值，2006 年，非常不适应梯度水平内的均值高于不适应梯度水平内的均值。权衡关系出现异常的年份均为枯水年，在气温偏高与偏低年，适应梯度水内的均值低于不适应梯度水平内的均值，在气温平稳年，非常不适应梯度水平内的均值低于不适应梯度水平内的均值。本组权衡关系受到的年降水量的影响要大于年平均气温的影响；水源涵养在非常适应梯度上与防风固沙量为协同关系。

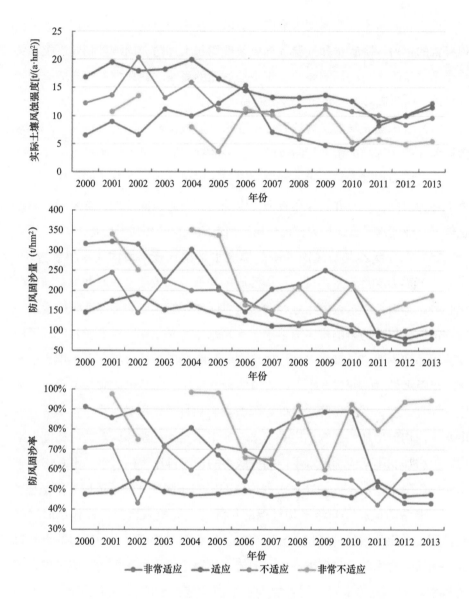

图 4-2-7 2000 年至 2013 年不同梯度水平内防风固沙服务均值

（3）水源涵养与防风固沙率梯度水平型权衡关系：适应梯度水平内的防风固沙率均值几乎无变化，除适应梯度水平外，多年时间序列的梯度水平内防风固沙率的均值构成和趋势总体与防风固沙量一致。相对应地，水源涵养在不适应和非常不适应梯度水平内与防风固沙率为权衡关系。在权衡关系出现异常的年份，降水量和气温等气象条件均与上述防风固沙量相同，权衡关系受到的年降水量的影响要大于年平均气温的影响。在非常适应与适应梯度水平内，防风固沙率与水源涵养无明显关系。

（4）水源涵养与防风固沙服务梯度水平型权衡与协同关系特征汇总：水源涵养3种次等梯度水平与防风固沙服务的抑制和促进作用明显高于（最高的）非常适应梯度水平。水源涵养与实际土壤风蚀强度在整体型和梯度水平型上均为协同作用，并且作用较强。水源涵养与防风固沙量、防风固沙率在整体型与梯度水平型上均为权衡作用，前者的权衡作用强于后者。

（5）水源涵养与防风固沙服务梯度水平型权衡与协同关系机制分析：①水源涵养各梯度水平内的防风固沙服务均值与气象要素的波动具有同步变化趋势。②当年降水量的年际波动影响协同作用时，对非常不适应梯度水平内均值下降程度的影响排序为丰水年＞平水年＞枯水年，对适应梯度水平内均值下降和不适应梯度水平内均值增加的影响排序为枯水年＞平水年＞丰水年。年降水量对不同梯度水平内均值的影响排序为非常不适应＞不适应＞适应＞非常适应。③当年降水量的年际波动影响权衡作用时，对非常不适应梯度水平内均值增加的影响排序是丰水年＞平水年＞枯水年，对适应梯度水平内均值增加和不适应梯度水平内均值减小的影响排序为枯水年＞平水年＞丰水年。年降水量对不同梯度水平内均值的影响排序为非常不适应＞不适应＞适应＞非常适应。④当年平均气温的年际波动影响权衡与协同作用时，气温偏高、平稳和偏低的影响差异不明显，气温对各梯度水平内均值的影响较弱。当遇到枯水年且气温偏高时，适应与不适应梯度水平内的均值出现异常的概率较大。总体来看，对各梯度水平内均值的影响为年降水量＞年平均气温。

### 4.2.3　供给服务与调节服务间权衡与协同关系

基于3个阶段的梯度分区，分析供给服务与调节服务间梯度水平型权衡与协同关系特征，如图4-2-8～图4-2-10所示。

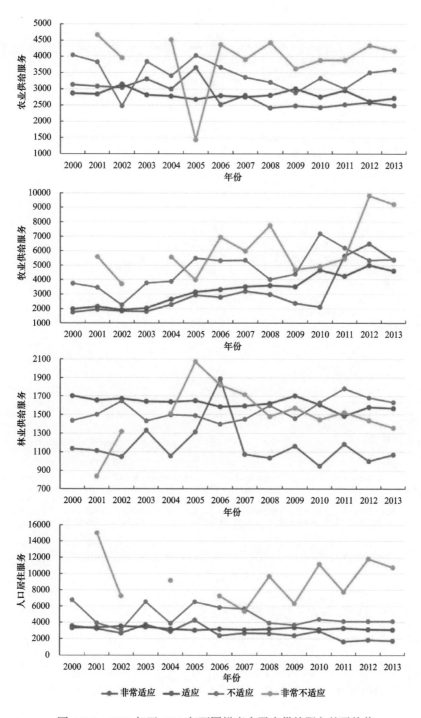

图 4-2-8　2000 年至 2013 年不同梯度水平内供给服务的平均值

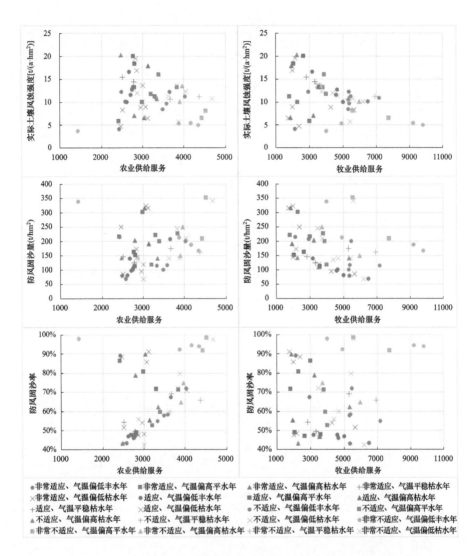

图 4-2-9　2000 年至 2013 年不同气象条件、梯度水平内防风固沙服务与
供给服务的平均值（1）

（1）水源涵养与农业供给服务梯度水平型权衡关系：在 3 个阶段内，水源涵养的 3 种适应性梯度水平与梯度水平内的农业供给服务均值成反比，在适应、不适应和非常不适应 3 个梯度水平上为权衡关系，但适应梯度水平内均值未有类似于不适应和非常不适应梯度水平内均值的波动变化；在 2002 年、2009 年（分别为气温偏高与偏低年的枯水年），出现适应梯度水平内

的均值大于不适应梯度水平内的均值的异常情况。在 2005 年（气温偏低的丰水年），出现非常不适应梯度水平内的均值小于非常适应梯度水平内的均值的异常情况。本组协同作用受到的年降水量的影响要大于年平均气温的影响。

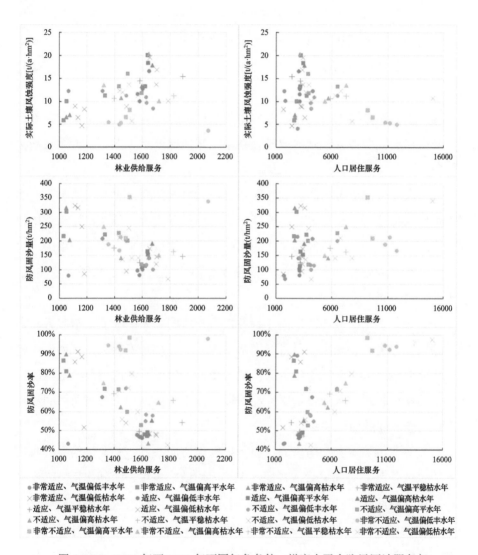

图 4-2-10　2000 年至 2013 年不同气象条件、梯度水平内防风固沙服务与供给服务的平均值（2）

（2）水源涵养与牧业供给服务梯度水平型权衡关系：在 3 个阶段内，水源涵养的 4 种适应性梯度水平与梯度水平内的牧业供给服务均值成反比，二者为权衡关系。各梯度水平内均值差较小，权衡作用较弱；各梯度水平内均值的绝对值分 3 个阶段显著增加，自 2010 年起，梯度水平内均值有明显异常。

（3）水源涵养与林业供给服务无权衡或协同关系：各梯度水平内的均值无明显的正比或反比关系；波动程度排序为适应 > 不适应 > 非常不适应 > 非常适应；非常适应梯度水平内的林业供给服务均值波动与气象要素变化趋势不一致。

（4）水源涵养与人口居住服务权衡关系：水源涵养在非常不适应梯度水平上与人口居住服务为较强的权衡关系，在其他梯度水平上，二者的权衡关系较弱。

（5）农业供给服务与防风固沙服务权衡与协调关系：农业供给服务与实际土壤风蚀强度为权衡关系，各梯度水平内均值分散程度较大，权衡作用较弱；农业供给服务与防风固沙量为协同关系，各梯度水平内均值较集中，协同作用较强；农业供给服务与防风固沙率为协同关系，与防风固沙量相似，属于较强的协同关系。

（6）牧业供给服务与防风固沙服务权衡与协同关系：牧业供给服务与实际土壤风蚀强度为权衡关系，各梯度水平内均值分散程度较大，权衡作用较弱；牧业供给服务与防风固沙量为协同关系，各梯度水平内均值分散程度较大，协同作用较弱；牧业供给服务与防风固沙率为协同关系，与防风固沙量相似，属于较弱的协同关系。

（7）林业供给服务与防风固沙服务权衡与协同关系：林业供给服务与实际土壤风蚀强度为协同关系，各梯度水平内均值较集中，协同作用较强；林业供给服务与防风固沙量为权衡关系，各梯度水平内均值较集中，权衡作用较强；林业供给服务与防风固沙率为权衡关系，各梯度水平内均值较分散，权衡作用较弱。

（8）人口居住服务与防风固沙服务权衡与协同关系：人口居住服务与实际土壤风蚀强度为权衡关系，权衡作用较强；人口居住服务与防风固沙量和防风固沙率均为较弱的协同关系。

（9）供给服务与调节服务梯度水平型权衡与协同关系特征：在非常适应梯度水平内，供给服务与调节服务的均值总体分散分布于最低值区，判断无权衡或协同关系；在适应、不适应、非常不适应梯度水平内，①较强权衡关系：水源涵养与农业供给服务、水源涵养与牧业供给服务、林业供给服务与防风固沙量、人口居住服务与实际土壤风蚀强度；②较弱权衡关系：水源涵养与人口居住服务、农业供给服务与实际土壤风蚀强度、牧业供给服务与实际土壤风蚀强度、林业供给服务与防风固沙率；③无权衡或协同关系：水源涵养与林业供给服务；④较强协同关系：农业供给服务与防风固沙量、农业供给服务与防风固沙率、林业供给服务与实际土壤风蚀强度；⑤较弱协同关系：牧业供给服务与防风固沙量、牧业供给服务与防风固沙率、人口居住服务与防风固沙量、人口居住服务与防风固沙率。

（10）气象要素对梯度水平型权衡与协同关系影响机制分析：①在非常适应梯度水平内，供给服务的波动较大，在同样的气象条件下，均值的增减并无规律，几乎不受影响；②在适应梯度水平内，供给服务的均值几乎不随气温和降水量（气象条件）的变化而出现波动，所以不受影响；③在不适应梯度水平内，供给服务的均值随气温和降水量的变化而小幅波动，所受的影响要小于在非常不适应梯度水平内受到的影响；④在非常不适应梯度水平内，供给服务均值的波动与气温、降水量的变化有一定关联，关联程度排序为人口居住服务＞牧业供给服务＞农业供给服务＞林业供给服务；⑤在图 4-2-9和图 4-2-10 中，（横轴右侧）较大的供给服务均值对应气温偏低的丰水年、气温偏高的平水年的情况较多。可大致判定，供给服务随降水量的增加而增长，随气温的降低而增加，但气温的影响不及降水量的影响大。

# 第 5 章
# 结论与展望

## 5.1 主要结论

本书基于生态系统服务理论，系统分析了 2000 年至 2015 年西辽河平原区 7 种典型生态系统服务的时空动态和演化趋势，从整体和 4 种梯度水平上多维度分析了权衡与协同关系的演化，主要结论如下。

（1）西辽河平原区生态系统调节服务变化趋势：防风固沙服务有整体提升趋势，水源涵养服务则呈现持续下降的特征。

防风固沙服务整体有所提升。西辽河平原区实际土壤风蚀强度有显著下降趋势。多年来，通过大面积建设防护林草等生态工程及实施轮牧休牧禁牧政策，人为增加了植被覆盖度，基本实现了减缓减弱土壤损失的目标。随着耕地面积的扩张及草地和沙地面积的缩小，部分潜在土壤风蚀量也有所减少。防风固沙率变化相对较小。从实际土壤风蚀强度、防风固沙量和防风固沙率的动态变化来看，防风固沙服务有整体提高趋势。

水源涵养服务作为关键的调节服务，呈现持续下降的特征。西辽河平原区降水偏少，年蒸发量是年降水量的 4 ～ 5 倍，可利用水资源主要是地下水资源，上游来水和降水是地下水补给源，但自 2000 年以来，补给量逐渐减少。与此同时，水资源需求却在持续增加。西辽河平原区地处我国科尔沁沙地水源涵养与防风固沙功能区东缘，具有重要生态功能；其也是我国重要的商品粮基地、畜牧业生产基地、中国特色农产品优势区。不断增加的农牧业用水和工业用水需求占总用水需求的三分之二左右。因此，水源涵养服务下降的主要原因是自然环境条件的变化影响了地下水资源的补给，而社会经济的发展增加了用水压力，导致地下水资源"入不敷出"。

（2）西辽河平原区生态系统供给服务变化趋势：农业供给服务和牧业供给服务保持稳步增长趋势，其余供给服务的变化幅度较小。

西辽河平原区产业结构总体上保持南部牧业、中部农业、北部农牧交错的格局。农业供给服务和牧业供给服务保持稳步增长态势，主要原因有农业技术提高、草地植被覆盖度增加及部分草地转化为耕地等。林业供给服务、人口居住服务和开发建设服务的变化并不显著，主要原因：一是所占面积相对较小；二是这些服务呈小斑块分散分布，而本书以千米网格为基本评价单元，对小范围的变化不敏感。

（3）西辽河平原区生态系统服务两两间权衡与协同关系在整体上和不同梯度水平上呈现一定程度的多样性，但总体具有趋同性。

调节服务两两关系表现：①整体结果显示，水源涵养服务的3个指标（水资源丰裕度、年际内水资源平衡系数、水源涵养）与实际土壤风蚀强度是低强度的协同关系，与防风固沙量是低强度到中等强度的权衡关系，与防风固沙率是较强的权衡关系。②4个梯度水平结果显示，水源涵养与实际土壤风蚀强度在非常适应梯度水平内变化幅度大，无法确定关系类型；在适应、不适应和非常不适应3个梯度水平内为协同关系。水源涵养与防风固沙量在非常适应梯度水平内是协同关系，在适应、不适应和非常不适应3个梯度水平内为权衡关系。水源涵养与防风固沙率在非常适应梯度水平内的变化无规律，无法确定关系类型；在适应梯度水平内基本无变化，无法确定关系类型；在不适应和非常不适应梯度水平内为权衡关系。③基于整体和适应、不适应、非常不适应3个梯度水平的分析结果综合判断，水源涵养服务与防风固沙服务这两个调节服务是中强度的权衡关系，而在非常适应梯度水平内，二者无显著关系。

调节服务与供给服务两两关系表现：①整体结果显示，水源涵养服务的3个指标（水资源丰裕度、年际内水资源平衡系数、水源涵养）与农业供给服务是中等强度的权衡关系，与牧业供给服务是中高强度的权衡关系，与林业供给服务是中等强度的协同关系，与人口居住服务是中等强度的权衡关系。开发建设服务与防风固沙服务、水源涵养服务的多年简单相关性均未通过显著性检验，因此其与防风固沙服务、水源涵养服务无显著关系。实际土壤风蚀强度与农业供给服务是中等强度的权衡关系，与牧业供给服务是先权衡后协同关系，与林业供给服务是低强度的协同关系，与人口居住服务是低强度的权衡关系。防风固沙量与农业供给服务是低强度的协同关系，与牧业供给服务是先协同后权衡关系，与林业供给服务是低强度的权衡关系，与人口居住服务是低强度的权衡关系。防风固沙率与农业供给服务是中高强度的协同关系，与牧业供给服务是先协同后权衡关系，与林业供给服务是高强度的权衡关系，与人口居住服务是高强度的协同关系。②4个梯度水平结果显示，水源涵养与农业供给服务、牧业供给服务、人口居住服务呈不同强度的波动变化权衡关系，与林业供给服务无确定性关系。实际土壤风蚀强度与农业供给服务是弱权衡关系，与牧业供给服务是弱权衡关系，与林业供给服务是强协同关系，与人口居住服务是较强权衡关系。防风固沙量与农业供给服务是强权衡关系，与牧业供给服务是弱协同关系，与林业供给服务是较强权衡关系，与人口居住服务是较弱协同关系。防风固沙率与农业供给服务是较强协同关系，与牧业供给服务是弱协同关系，与林业供给服务是弱权衡关系，与人口居住服务是较弱协同关系。③基于整体和适应、不适应、非常不适应3个梯度水平的分析结果，可得出调节服务与供给服务两两关系。具有较强权衡关系的有水源涵养服务与农业供给服务、牧业供给服务、人口居住服务，以及防风固沙服务与农业供给服务。具有较弱权衡关系的有防风固沙服务与牧业供给服务、防风固沙量与林业供给服务、防风固沙服务与人口居住服务。具有较弱协同关系的有水源涵养服务与林业供给服务、实际土壤风蚀强度与林业供给服务。无确定性关系的有开发建设服务与水源涵养服务、开发建设服务与防风固沙服务。在非常适应梯度水平内，水源涵养服务与防风固沙服务无显著关系。

## 5.2 不足与展望

（1）在分析生态系统服务间权衡与协同关系的内在机理方面存在不足之处，没有选取比较典型的影响生态系统服务类型和大小的不同自然环境要素。

（2）在生态系统服务时空演变的影响机制分析中，风速、气温与降水等气象要素的相关性分析结果与其他要素的相关性分析结果存在一定的差异，有待进一步探讨。

（3）在区域生态系统服务类型选取上，未将承载服务和文化服务纳入研究，在后续研究中需要调整整体研究框架。

# 参 考 文 献

[1] 张永民，赵士洞. 全球生态系统服务未来变化的情景 [J]. 地球科学进展，2007，22(6): 605-611.

[2] Harrison R M，Hester R E，Baggethun EG，et al. Ecosystem Services[M]. London：Royal Society of Chemistry，2010：52-65.

[3] Raudsepp H C，Peterson G D，Bennett E M. Ecosystem Service Bundles for Analyzing Tradeoffs in Diverse Landscapes[J]. Proc Natl Acad Sci Usa，2010，107（11）：5242.

[4] 管青春，郝晋珉，许月卿，等. 基于生态系统服务供需关系的农业生态管理分区 [J]. 资源科学，2019，41（7）：1359-1373.

[5] 肖玉，谢高地，鲁春霞，等. 基于供需关系的生态系统服务空间流动研究进展 [J]. 生态学报，2016，36（10）：3096-3102.

[6] 樊杰，周侃，陈东. 生态文明建设中优化国土空间开发格局的经济地理学研究创新与应用实践 [J]. 经济地理，2013，33（1）：1-8.

[7] 李广东，方创琳. 城市生态—生产—生活空间功能定量识别与分析 [J]. 地理学报，2016，71（1）：49-65.

[8] 朱媛媛，余斌，曾菊新，等. 国家限制开发区"生产—生活—生态"空间的优化——以湖北省五峰县为例 [J]. 经济地理，2015，35（4）：26-32.

[9] 李慧蕾，彭建，胡熠娜，等. 基于生态系统服务簇的内蒙古自治区生态功能分区 [J]. 应用生态学报，2017，28（8）：2657-2666.

[10] Smil V. Growth：From Microorganisms to Megacities[M]. Cambridge：The Mit Press，2019.

[11] 欧阳志云，郑华，谢高地，等. 生态资产、生态补偿及生态文明科技贡献核算理论与技术 [J]. 生态学报，2016，36（22）：7136-7139.

[12] 卓志清，兴安，孙忠祥，等. 东北旱作区农业生态系统协同发展与权衡分析 [J]. 中国生态农业学报，2018，26（6）：892-902.

[13] 杨剑，孙小舟. 西辽河流域春玉米需水量变化趋势 [J]. 华中师范大学学报（自然科学版），2010，44（4）：691-695.

[14] 罗承平，薛纪瑜. 中国北方农牧交错带生态环境脆弱性及其成因分析 [J]. 干旱区资源与环境，1995，9（1）：1-7.

[15] 魏立峰. 内蒙古京津风沙源治理工程区森林防风固沙功能价值评估 [J]. 内蒙古林业调查设计，2017，40（2）：30-33.

[16] 江凌，肖燚，饶恩明，等. 内蒙古土地利用变化对生态系统防风固沙功能的影响 [J].

生态学报，2016，36（12）：3734-3747.

[17] 于国茂，刘越，艳燕，等. 2000—2008年内蒙古中部地区土壤风蚀危险度评价 [J].
地理科学，2011，31（12）：1493-1499.

[18] 贺山峰，蒋德明，阿拉木萨. 植被的防治风蚀作用 [J]. 生态学杂志，2007，26（5）：
743-748.

[19] 董鸣. 风沙移动与植物生物量的关系以及植物固沙能力研究 [J]. 植物学报，2001，
43（9）：979-982.

[20] 唐艳，刘连友，屈志强，等. 植物阻沙能力研究进展 [J]. 中国沙漠，2011，31（1）：
43-48.

[21] 温都日呼，王铁娟，张颖娟，等. 沙埋与水分对科尔沁沙地主要固沙植物出苗的影响
[J]. 生态学报，2015，35（9）：2985-2992.

[22] 朱教君，郑晓，闫巧玲. 三北防护林工程生态环境效应遥感监测与评估研究：三北防
护林体系工程建设30年（1978—2008）[M]. 北京：科学出版社，2016.

[23] 孙小舟，封志明，杨艳昭，等. 西辽河流域近60年来气候变化趋势分析 [J]. 干旱区
资源与环境，2009，23（9）：62-66.

[24] 丁婧祎，赵文武，王军，等. 降水和植被变化对径流影响的尺度效应——以陕北黄土
丘陵沟壑区为例 [J]. 地理科学进展，2015，34（8）：1039-1051.

[25] 田蕾，王随继. 近60年来辽河流域径流量变化及其主控因素分析 [J]. 水土保持研
究，2018，25（1）：153-159.

[26] 王高旭，陈敏建，丰华丽，等. 西辽河流域地表地下复合生态需水研究 [J]. 水资源
与水工程学报，2014，25（4）：7-10+15.

[27] 马龙，刘廷玺，马丽，等. 气候变化和人类活动对辽河中上游径流变化的贡献 [J].
冰川冻土，2015，37（2）：470-479.

[28] 贾恪，刘廷玺，雷慧闽，等. 科尔沁沙地沙丘 - 草甸相间地区1986—2013年湖泊演
变 [J]. 中国沙漠，2015，35（3）：783-791.

[29] 杨肖丽，任立良，江善虎，等. 西辽河源头流域径流变化趋势及影响因素分析 [J].
河海大学学报（自然科学版），2012，40（1）：37-41.

[30] 郝璐，王静爱. 基于SWAT-WEAP联合模型的西辽河支流水资源脆弱性研究 [J]. 自
然资源学报，2012，27（3）：468-479.

[31] 徐凯. 西辽河流域水循环规律及平原区生态稳定性研究 [D]. 北京：中国水利水电科
学研究院，2013.

[32] 孙傲，刘廷玺，杨大文，等. 科尔沁沙丘 - 草甸相间地区不同地貌类型地下水位对降
雨的响应研究 [J]. 干旱区地理，2016，39（5）：1059-1069.

[33] 付玉娟，张玉清，何俊仕，等. 西辽河农灌区降雨及农业灌溉对地下水埋深的影响演

变分析 [J]. 沈阳农业大学学报，2016，47（3）：327-333.

[34] 王静茹，马龙，刘廷玺. 1951—2012 年科尔沁沙地气温、降水变化特征 [J]. 干旱区研究，2016，33（1）：49-58.

[35] 吴凯，王晓琳，王高旭，等. 1961—2014 年西辽河流域降水时空变异性诊断 [J]. 南水北调与水利科技，2017，15（2）：22-28.

[36] 陈志云，尹雄锐，季叶飞，等. 西辽河流域平原区植被与降水及地下水埋深的关系 [J]. 东北水利水电，2013，31（11）：39-41+55+72.

[37] 陈敏建，张秋霞，汪勇，等. 西辽河平原地下水补给植被的临界埋深 [J]. 水科学进展，2019，30（1）：24-33.

[38] 朱永华，张生，孙标，等. 西辽河流域通辽平原区地下水埋深与植被及土壤特征的关系 [J]. 水土保持通报，2019，39（1）：29-36.

[39] 高吉喜，吴丹，张琨，等. 基于供体受体关系的大尺度水源涵养生态保护红线划定技术方法及应用 [J]. 环境生态学，2019，1（4）：1-7+14.

[40] 肖洋，欧阳志云，王莉雁，等. 内蒙古生态系统质量空间特征及其驱动力 [J]. 生态学报，2016，36（19）：6019-6030.

[41] 曾莉，李晶，李婷，等. 基于贝叶斯网络的水源涵养服务空间格局优化 [J]. 地理学报，2018，73（9）：1809-1822.

[42] 白杨，郑华，庄长伟，等. 白洋淀流域生态系统服务评估及其调控 [J]. 生态学报，2013，33（3）：711-717.

[43] 李士美，谢高地. 草甸生态系统水源涵养服务功能的时空异质性 [J]. 中国草地学报，2015，37（2）：88-93.

[44] 李成振，孙万光. 西辽河平原区水资源供需平衡分析 [J]. 水资源与水工程学报，2017，28（1）：56-61+68.

[45] 封志明，杨玲，杨艳昭. 基于 MODIS NDVI 的西辽河流域主要粮食作物时空分布格局（英文）[J]. Journal of Resources and Ecology，2014，5（3）：244-252.

[46] 李生勇，王晓卿，李彪. 基于 MODIS 数据的科尔沁区植被覆盖时空变化分析 [J]. 长江科学院院报，2016，33（2）：118-122+127.

[47] 高振东. 西辽河流域植被覆盖度时空演变规律及其影响因素研究 [D]. 沈阳：沈阳农业大学，2015.

[48] 徐洁，肖玉，谢高地. 北京市水源涵养服务空间格局动态分析（英文）[J]. Journal of Resources and Ecology，2019，10（4）：362-372.

[49] Yang X，Sun W，Li P，et al. Integrating Agricultural Land，Water Yield and Soil Conservation Trade-offs Into Spatial Land Use Planning[J]. Ecological Indicators，2019，104：219-228.

[50] Costanza R，D'arge R，De G R，et al．The Value of the World's Ecosystem Services and Natural Capital[J]．Nature，1997，387（6630）：253-260.

[51] Daily G，Postel S，Bawa K，et al．Bibliovault Oai Repository，the University of Chicago Press[M]．1997：1-10.

[52] 岳书平，张树文，闫业超．东北样带土地利用变化对生态服务价值的影响 [J]．地理学报，2007，62（8）：879-886.

[53] 吴梦红．西辽河流域湿地演变特征及其驱动力研究 [D]．吉林：吉林大学，2018.

[54] 刘冰晶，杨艳昭，李依．北方农牧交错带土地利用结构特征定量研究——以西辽河流域为例 [J]．干旱区资源与环境，2018，32（6）：64-71.

[55] 黄青，辛晓平，张宏斌．基于生态系统服务功能的中国北方草地及农牧交错带区划 [J]．生态学报，2010，30（2）：350-356.

[56] 邓祥征，李志慧，Gibson John．面向可持续土地利用管理的生态系统服务权衡分析研究述评（英文）[J]．Journal of Geographical Sciences，2016，26（7）：953-968.

[57] 高尚玉，张春来，邹学勇，等．京津风沙源治理工程效益 [M]．2版．北京：科学出版社，2012.

[58] 陈敏建，汪林，张秋霞，等．西辽河平原"水－生态－经济"安全保障研究 [R]．北京：中国水利水电科学研究院，2013.

[59] 阿茹娜，李同昇，李百岁，等．西辽河平原人水系统平衡变化特征分析 [J]．干旱区资源与环境，2018，32（3）：119-125.

[60] 赵士洞，汪业勖．生态系统管理的基本问题 [J]．生态学杂志，1997，16（4）：36-39+47.

[61] E·马尔特比．生态系统管理 科学与社会问题 [M]．康乐，韩兴国，等译．北京：科学出版社，2003.

[62] 陈宜瑜．中国环境科学出版社 [M]．北京：中国环境科学出版社，2011.

[63] 中国科学院可持续发展战略研究组．2014 中国可持续发展战略报告 创建生态文明的制度体系 [M]．北京：科学出版社，2014.

[64] 中国科学院可持续发展战略研究组．2015 中国可持续发展报告 重塑生态环境治理体系 [M]．北京：科学出版社，2015.

[65] 吴健生，钟晓红，彭建，等．基于生态系统服务簇的小尺度区域生态用地功能分类——以重庆两江新区为例 [J]．生态学报，2015，35（11）：3808-3816.

# 反侵权盗版声明

电子工业出版社依法对本作品享有专有出版权。任何未经权利人书面许可，复制、销售或通过信息网络传播本作品的行为；歪曲、篡改、剽窃本作品的行为，均违反《中华人民共和国著作权法》，其行为人应承担相应的民事责任和行政责任，构成犯罪的，将被依法追究刑事责任。

为了维护市场秩序，保护权利人的合法权益，我社将依法查处和打击侵权盗版的单位和个人。欢迎社会各界人士积极举报侵权盗版行为，本社将奖励举报有功人员，并保证举报人的信息不被泄露。

举报电话：（010）88254396；（010）88258888

传　　真：（010）88254397

E-mail：　dbqq@phei.com.cn

通信地址：北京市万寿路 173 信箱

　　　　　电子工业出版社总编办公室

邮　　编：100036